乡村振兴人才培养系列教材

芦花鸡山地高效饲养管理技术

陈亚强　母治平　彭津津　龚兰芳　等编著

中国农业大学出版社
·北京·

内容简介

芦花鸡产自山东汶上，饲养历史悠久，有着丰厚的文化底蕴，我国多地均有分布。我国西南多山地，山地养殖鸡甚为普遍，针对当前芦花鸡在西南地区山地饲养的蓬勃发展，编者根据近年来从事芦花鸡山地饲养管理、疫病防控和科技服务所积累的资料，借鉴国内外养鸡最新技术和成果，在广泛调查研究的基础上，精心编著成此书，以期对芦花鸡山地高效饲养管理技术进行总结，为山地芦花鸡产业发展助力。本书的主要内容包括：饲养前的准备、日常饲养管理、关键饲养技术三个部分，具体包括场地的准备、设备的准备、营养与饲喂、通风与温湿度、清洗与消毒、环境与疫病、人工授精技术、孵化技术、雌雄识别技术、中草药饲料添加剂开发等。本书既有丰富的理论作为依据，更注重生产实践中各主要环节的关键技术和措施，具有科学性、先进性、实用性。本书既可作为畜牧、兽医专业学生的教学用书，也可供芦花鸡饲养人员查阅参考。

图书在版编目(CIP)数据

芦花鸡山地高效饲养管理技术 / 陈亚强等编著. -- 北京：中国农业大学出版社，2024.7. -- ISBN 978-7-5655-3248-1

Ⅰ. S831

中国国家版本馆 CIP 数据核字第 2024HQ5565 号

书　　名　芦花鸡山地高效饲养管理技术
作　　者　陈亚强　母治平　彭津津　龚兰芳　等编著

策划编辑　林孝栋　康昊婷　　**责任编辑**　许晓婧
封面设计　中通世奥图文设计
出版发行　中国农业大学出版社
社　　址　北京市海淀区圆明园西路 2 号　　**邮政编码**　100193
电　　话　发行部 010-62733489，1190　　读者服务部 010-62732336
　　　　　编辑部 010-62732617，2618　　出　版　部 010-62733440
网　　址　http://www.caupress.cn　　**E-mail** cbsszs@cau.edu.cn
经　　销　新华书店
印　　刷　天津鑫丰华印务有限公司
版　　次　2024 年 10 月第 1 版　　2024 年 10 月第 1 次印刷
规　　格　148 mm×210 mm　　32 开本　　4.75 印张　　128 千字
定　　价　29.00 元

编 著 者

陈亚强（重庆三峡职业学院）
母治平（重庆三峡职业学院）
彭津津（重庆三峡职业学院）
龚兰芳（重庆市黔江区畜牧发展中心）
程邓芳（重庆三峡职业学院）
郝永峰（重庆三峡职业学院）
刘莹露（重庆三峡职业学院）
牟桔丰（鲁渝农牧科技重庆有限公司）
王仁杰（鲁渝农牧科技重庆有限公司）
文　凤（重庆三峡职业学院）
向光斌（鲁渝农牧科技重庆有限公司）
李珍珍（重庆三峡职业学院）
李博文（重庆三峡职业学院）

前　言

芦花鸡原产于山东汶上，是一种肉蛋兼用的鸡种，其产品具有较高的营养价值和口感。芦花鸡饲养历史悠久，有着丰厚的文化底蕴，在我国多地均有所分布。我国西南地区多山地，饲养鸡也多为山地饲养，自芦花鸡在西南地区饲养以来，如何形成一套科学、合理、高效的芦花鸡山地饲养管理技术就成为芦花鸡山地养殖的关键。基于此，本书编者借鉴国内外养鸡最新技术和成果，在广泛调查研究的基础上，精心编著成此书，以期对芦花鸡山地高效饲养管理技术进行总结，为芦花鸡山地产业发展助力。

本书包括饲养前的准备、日常饲养管理、关键饲养技术三个部分。其中饲养前的准备包括场地的准备、设备的准备，由李博文、程邓芳编写。日常饲养管理包括营养与饲喂、通风与温湿度、清洗与消毒、环境与疫病，由彭津津、刘莹露、李珍珍、程邓芳编写。关键饲养技术包括人工授精技术、孵化技术、雌雄识别技术、中草药饲料添加剂开发，由郝永峰、母治平、文凤、龚兰芳编写。牟桔丰、王仁杰、向光斌负责提供图片及产业资源，陈亚强负责校正。

教育、科技、人才是全面建设社会主义现代化国家的基础性、战略性支持。教材作为载体，对教育的发展有重要作用。本书以丰富的芦花鸡养殖理论为依据，注重生产实践中各主要环节的关键技术和措施，具有科学性、先进性、实用性。本书既可作为畜牧类专业学生的教学用书，也可供芦花鸡饲养人员查阅、参考。

本书编写得到了众多老师和一线饲养人员的支持和帮助，为编写团队共同努力的成果。此外，编写还得到了重庆家禽产业技术体系创新团队、重庆市教育科研实验基地（农业职业教育赋能乡村教育振兴基地）的大力支持，并引用了同行专家的文献资料，在此一并表示感谢！

由于时间仓促，加上编者水平有限，书中难免有不当之处，恳请读者批评指正。

编　者

2024 年 1 月

目　录

上篇　饲养前的准备

中篇　日常饲养管理

下篇　关键饲养技术

上 篇

饲养前的准备

第一章 场地的准备

第一节 场地规划与选址

一、芦花鸡的生活特性

芦花鸡食物链非常广，山间的野草、草根、草籽、树果、飞行昆虫、蝇蛆、蚯蚓等均可成为芦花鸡的食物。芦花鸡活动能力较强，活动量大、善攀登（图 1-1）、空中飞行距离长。芦花鸡有较强的抗病能力，体态健美、肌肉发达，林下养殖该品种鸡肉质紧实、细腻而筋道。芦花鸡归巢性能非常强，不管白天游食距离多远，太阳落山时分，均会返巢上架栖息。

图 1-1　山地芦花鸡

续图 1-1

二、外部环境的基本要求

鸡场外部环境是指鸡场与周围社会的关系，如相互间的环境影响、交通运输、电力供应、信息交流、防疫条件等。在选择芦花鸡的养殖场地时需满足以下基本要求。

1. 远离居民区和工业区

场址选择必须遵循社会公共卫生准则，使鸡场不致成为周围污染源，也要注意不受周围环境的污染。因此，鸡场位置应选在居民点的下风处，地势低于居民点，但要离开居民点污水排出口，不要选在化工厂、屠宰场、制革厂等容易造成环境污染企业的下风处或附近。鸡场与居民点之间的距离保持在 1 km 以上，鸡场相互间距离在 2 km 以上，也可根据现场生物安全风险评估确定安全距离。

2. 交通便利

鸡场要求交通便利，因为饲料要运进，雏鸡、成年鸡或鸡蛋等产品要运出，同时便于鸡场对外宣传及工作人员外出。为了防疫卫生及减

少噪声，鸡场最好离主要公路 1 km 以上，同时最好修建专用道路与主要公路相连。

3. 电力保证

选择场址时，还应重视供电条件，必须具备可靠的电力供应，最好靠近输电线路，以尽量缩短新线建设距离，同时要求电力安装方便及电力能保证 24 h 供应，必要时必须自备发电机以保证电力供应。

4. 通信良好

鸡场还要求通信方便，场内可装电话、传真机及信息网络。

5. 种植业结构合理

在选址时应考虑鸡场外部条件，最好选择种植业面积较广的地区。一方面可充分利用种植业的产品作为芦花鸡饲料的原料；另一方面芦花鸡产生的大量粪尿可作为种植业的有机肥料，从而实施种养结合，实现农业可持续发展，如重庆市万州区百万亩经果林，给芦花鸡粪污处理提供了大量利用空间。

第二节　鸡舍的设计

一、鸡舍搭建

1. 育雏舍

育雏鸡舍应远离其他鸡舍，可采用密闭式鸡舍，有顶棚，搭建宜采用砖混结构。

(1)地面平养舍

在育雏舍地面做防潮处理后，宜铺设不低于 5 cm 厚的垫料，垫料应选择吸水性良好、没有霉变的材料，如锯木屑、稻草、稻壳、麦秸等。

(2)网上平养舍

在舍内用角铁、木棍、竹竿等搭起高 60～90 cm 的架子，上面铺

1.2 cm×1.2 cm 孔径的金属网或硬塑料网并加以固定，同时并隔成若干个小栏。围栏高度 50～100 cm。

(3)立体笼养舍

育雏笼一般为 3～4 层层叠式(图 1-2)或半阶梯式，阶梯式的占地面积较大，不适宜山地养殖，每层高度 30～35 cm。

图 1-2　层叠式鸡笼

2.散养鸡棚

取背风向阳、地势高燥的平地搭建鸡棚(图 1-3)，鸡棚可采用塑料大棚式，大棚顶内层宜用无滴膜，上面铺一层 5～10 cm 厚稻草，稻草上面再用塑料薄膜覆盖，并用尼龙绳固定。鸡棚一般宽 6 m，方向坐北朝南最为适宜，可就地取材制作栖息架(图 1-4)，栖息密度为 6～8 只/m^2。若为产蛋舍需搭建产蛋窝，每窝容纳产蛋鸡 2～3 只。以 200 只芦花鸡为例，鸡棚面积需要 20～30 m^2。鸡棚内应设有料槽、饮水设备、补光及其他辅助设施(图 1-5)，鸡棚还应具备防黄鼠狼等兽害的作用。

图 1-3　散养鸡棚

图 1-4　栖息架

图 1-5　散养鸡棚内部

二、放养场的选择

放养场地应避免离其他畜禽或畜禽食品加工厂过近，以防疫病传播，同时要选择生态环境污染较小的地方，远离人口密集区域或交通主干道，减少人类活动对饲养带来的不良影响。

基本自然条件是林木或青草覆盖率达 50%以上，最好有落叶阔叶林，这样兼具夏季遮阳、冬季能接受阳光的作用。放养坡度在 25°左右，不宜过大。附近有洁净且充足的饮水来源。

鸡棚放养区域之间用围网分隔，网高 1.5～2 m(图 1-6)。实行全进全出和轮换棚舍饲养管理，有利于防疫。生态放养应规避气温较低的月份，以每年 3—10 月为宜，且应有意识进行分群，每群 200～800 只较好(按照实际地形和植被覆盖度进行分群大小评估)。

图 1-6　放养场地用网隔开

第二章

设备的准备

第一节　环境控制设备

一、通风保温设备

为保证芦花鸡舍内的通风性良好，通风应动态保持，一般山地鸡舍多为开放式和半开放式。夏季鸡舍宜配备遮阳网，以避免阳光过度直射，冬季宜配备塑料薄膜和草帘来保温（图 2-1）。通过控制这些覆盖物的开合来控制通风，一般以人进入鸡舍不觉得闷为宜。

图 2-1　鸡舍周边草帘

冬季鸡舍（如在高海拔），一般白天气温在 10 ℃以下时，应在鸡舍内设置炉子、加热垫、暖风炉等升温设备，但应注意空气质量。

芦花鸡雏鸡养殖应着重做好保温措施，同时应保持环境安静、通风良好、具备充足的电源，保温宜用暖风炉。推荐环境参数见表 2-1。

表 2-1　芦花鸡舍推荐环境参数

序号	项目	雏鸡舍	成年鸡舍
1	温度/℃	21～27	10～24
2	湿度（相对）/%	75	
3	风速/(m/s)	0.5	0.8
4	照度/lx	50	30
5	细菌/(个/m^3)	25 000	
6	噪声/dB	60	80
7	粪便含水率/%	65～75	
8	粪便清理	干法	

来源于《畜禽场环境质量标准》(NY/T 388—1999)

二、照明设备

不同畜禽对光照的敏感度差异较大，芦花鸡对光的反应十分敏感，其生殖活动与光照密切相关，因此，芦花鸡养殖中普遍采用人工控制光照时长与节律。

芦花鸡养殖照明设备主要有白炽灯、荧光灯、节能灯和便携聚光灯等，目前市场上 LED 灯也较多见，按照 2 W/m^2 进行设计，搭建照明设备时须注意用电安全。

第二节　饲养设备

一、笼具

鸡养殖过程中主要的笼具有育雏笼、育成笼、蛋鸡笼和种鸡笼。山地芦花鸡养殖主要采用育雏后放养，芦花鸡蛋鸡分为笼养和散养两种，所以，仅介绍育雏笼、蛋鸡笼、种鸡笼和运输笼。

1. 育雏笼

育雏舍若选择立体笼养舍则需要育雏笼，芦花鸡育雏笼主要有叠层式育雏笼和半阶梯式育雏笼。

(1)叠层式育雏笼

叠层式育雏笼分为普通式和电热式两种。普通式用镀锌铁丝网片制成，由笼架固定支撑，每层笼间设承粪板，间隙为 50～70 cm，笼高约 33 cm，常为 3～5 层。电热式是在每层笼内设有电加热器和温度控制装置，由加热育雏笼、保温育雏笼和雏鸡运动场三部分组成，每一部分都是独立整体，可按照育雏舍条件进行自由选择。如采用整室加热育雏，可单独使用雏鸡运动场；在温度较低的地方，可适当减少运动场，而增加加热和保温育雏笼。

(2)半阶梯式育雏笼

半阶梯式育雏笼上下层之间部分重叠，重叠部分有挡粪板，按一定角度安装，粪便滑入粪坑。由于挡粪板的阻碍，通风效果稍差，对于通风、温控、消毒要求较高。

2. 蛋鸡笼

由笼架、笼体和护蛋板组成。笼架由横梁和斜撑组成，一般用厚 2.0～2.5 mm 的角钢或槽钢制成。笼体由冷拔钢丝经点焊成片，然后镀锌再拼装而成，包括顶网、底网、前网、后网、隔网和笼门等。笼底网要有一定坡度，一般为 8°～10°，伸出笼外 12～16 cm 形成集蛋槽。笼体的规格前高 40～45 cm，深度 45 cm 左右，每个小笼养 3～5 只鸡。护蛋板为一条镀锌薄铁皮，放于笼内前下方，下缘与底网间距 5.0～5.5 cm。

蛋鸡笼可配备自动集蛋设备（图 2-2）。

图 2-2　自动集蛋器

3. 种鸡笼

芦花鸡种母鸡笼与蛋鸡笼笼养设备结构差不多，只是尺寸放大一些，且在笼门结构上做了改进，以方便抓鸡进行人工授精。

4. 运输笼

运输笼又称周转笼，是专门为鸡的运输制作的，有用铁丝或者钢丝制作的，也有用其他金属制作的，最常用的是竹笼和塑料笼两种。长途运输时建议选用有盖的塑料运输笼（图 2-3）。

图 2-3　塑料运输笼

二、饲喂设备

1. 供料设备

（1）饲料运输车和料塔

有条件的芦花鸡养殖场应有专门的饲料运输车和料塔。饲料运输车可分为机械式和气流输送式两种。机械式是在载重车上由加装饲料罐而组成，饲料通过内部搅龙的输送可卸入料塔中；气流输送式是在机械式的搅龙出口处增设鼓风机，通过鼓风机产生的气流将饲料输送进料塔，宜装运颗粒料。

料塔容量要按照养殖场规模、养殖方式和容量来测算，场区可分为总料塔和分料塔。总料塔高度一般在 7 m 以下，3～5 个鸡舍设1 个分料塔（图 2-4）。料塔要密封，设有出气孔，避免漏进雨雪水，还应装有料位指示器。

图 2-4　料塔

(2)输料机

育雏舍和蛋鸡舍可通过输料机输送饲料。输料机多用螺旋弹簧式、螺旋叶片式。

①螺旋弹簧式:螺旋弹簧式输料机由电机驱动皮带轮带动空心弹簧在输料管内高速旋转,将饲料送入鸡舍,通过落料管依次落入喂料机的料箱中。

②螺旋叶片式:一般由两台螺旋叶片式输料机组成,一台倾斜输料机将饲料送入水平输料机和料斗内,再由水平输料机将饲料输送到喂料机各料箱中。

2.喂料设备

常用的饲喂设备有普通食槽、机械化饲喂机两种。

普通食槽包括饲料槽(图 2-5)、饲料桶(图 2-6)和饲料浅盘(雏鸡)。机械化饲喂机包括螺旋弹簧式、索盘式、链板式和轨道式。

普通食槽按照芦花鸡不同生长阶段和不同的养殖环境来进行

选择。

螺旋弹簧式饲喂机一般只用于平养鸡舍；索盘式饲喂机、链板式饲喂机（图 2-7）均可用于平养和笼养鸡舍；轨道式饲喂机多用于多层笼养鸡舍。

图 2-5　饲料槽

图 2-6　饲料桶

图 2-7 链板式饲喂机

三、饮水设备

芦花鸡常用饮水设备有水槽式饮水器、钟形饮水器、吊塔饮水器、乳头饮水器等。饮水来源需注意饮水质量，见表 2-2。

表 2-2 饮用水质量

序号	项目	自备井	地面水	自来水
1	大肠菌群/(个/L)	3	3	
2	细菌总数/(个/L)	100	200	
3	pH	5.5～8.5		
4	总硬度/(mg/L)	600		

续表 2-2

序号	项目	自备井	地面水	自来水
5	溶解性总固体/(mg/L)	2 000		
7	铅/(mg/L)	Ⅳ类地下水标准	Ⅳ类地面水标准	饮用水标准
9	铬(六价)/(mg/L)	Ⅳ类地下水标准	Ⅳ类地面水标准	饮用水标准

来源于《畜禽场环境质量标准》(NY/T 388—1999)

1. 水槽式饮水器

水槽式饮水器可分为长水槽和简易水盆两种。水槽材质应选择无毒无害材料,长水槽一头通入长流水,使整条槽内保持一定水位供芦花鸡饮用,另一头流入管道将水排出鸡舍。槽式饮水设备简单,但耗水量大。

简易水盆定点投放,但应定期更换,注意清洁卫生。

2. 钟形饮水器

钟形饮水器由水筒和水盘组成。水筒装满水后,筒上口的螺纹与水盘中的凸起子口装在一起,用销子定位,使筒壁上的孔与水盘孔相对,将水筒反扣过来,水从孔中流入水盘,当水面达到一定高度盖住孔口时,空气就不能进入筒内,水即停止外流,保持一定的水位。适用于笼养育雏、平养,需要人工加水,使用时要注意定时加水。

3. 吊塔饮水器

吊塔饮水器又称普拉森饮水器,靠盘内水的重量来启闭供水门,即当盘内无水时,阀门打开,当盘内水达到一定量时,阀门关闭。主要用于平养鸡舍,用绳索吊在离地面一定高度(与雏鸡的背部或成年鸡的眼睛等高)的位置。该饮水器的优点是适应性广,不妨碍芦花鸡群活动。

4. 乳头饮水器

乳头饮水器平时靠供水系统对阀体顶部的压力,使阀体紧压在阀座上防止漏水。当鸡啄水滴时便触动阀杆顶开阀门,水便自动流出供其饮用。主要用于笼养和平养，给成年鸡或两周龄以上雏鸡供水，要求配有适当的水压、纯净的水源和水线。该饮水模式可加装自动投药器（图 2-8）。

图 2-8　水线自动投药器

四、清粪设备

笼养雏鸡和蛋鸡的机械清粪设备常为刮板式或输送带式清粪机两种。刮板式清粪机多用于阶梯式笼养和网上平养，输送带式清粪机（图 2-9）多用于层叠式鸡笼。

除了清粪设备以外，处理粪污时散养芦花鸡多采取自然还田，笼养鸡多采用厌氧沼气处理和直接堆肥发酵处理。

图 2-9　输送带式清粪机

中 篇

日常饲养管理

第三章

营养与饲喂

第一节 营养需要

营养需要即营养需要量,是指每日每只芦花鸡对能量、蛋白质、矿物质和维生素等营养物质的需要量。芦花鸡在生存和生产过程中需不断地从外界摄取营养物质,因此,需要对各阶段的营养需要量做出规定,以便指导生产。

一、能量需要

碳水化合物是能量的主要来源,包括糖、淀粉、纤维素、半纤维素、木质素、果胶、黏多糖等物质。饲料中的碳水化合物除少量的葡萄糖和果糖外,大多数以淀粉、纤维素和半纤维素等多糖形式存在。

淀粉主要存在于植物的块根、块茎及谷物类籽实中,其含量可高达80%以上。纤维素、半纤维素和木质素存在于植物的细胞壁中,芦花鸡饲料中的纤维素含量应控制在2.5%～5%。纤维素含量过高,不容易被芦花鸡所消化;纤维素的含量过低,则会影响芦花鸡胃、肠的蠕动功能和营养物质的消化吸收,并且易发生吞食羽毛、啄肛等不良现象。

脂肪能提高能量的利用率和芦花鸡抗热应激的能力。饲料中1 g脂肪含能量39.29 kJ。如果脂类物质缺乏将导致代谢紊乱,表现为鸡的皮肤病变、羽毛无光泽且干燥、生长缓慢和繁殖力下降等。

研究表明，满足芦花鸡生产性能的适宜日粮能量水平为 11.29 MJ/kg，满足芦花鸡繁殖性能的适宜日粮能量水平为 11.10 MJ/kg。

二、蛋白质需要

一切生物的生命活动均离不开蛋白质，蛋白质是生物生命活动的物质承担者，对生物生命活动具有不可替代的作用。与其他地方家禽品种相比，芦花鸡 0～6 周龄的蛋白质需要量更高，7～14 周龄和 15～20 周龄均低于其他地方家禽品种，这说明了芦花鸡饲养至后期，日粮蛋白质水平应当逐渐降低，以适应生长速度慢和饲养周期长这一独特种质特性，既能够节约饲料资源，降低养殖成本，还能够降低氮对环境的污染。满足 32～36 周龄芦花种母鸡的最佳生产性能、最佳繁殖性能的适宜日粮粗蛋白质水平分别为 15.55％和 14.78％。

三、矿物质需要

矿物质是骨骼、蛋壳、羽毛、血液的重要组成成分。根据其在机体中的含量不同，可分为常量矿物质元素和微量矿物质元素两大类。常量元素是占体重 0.01％以上的元素，包括钙、磷、氯、钠、钾、硫。微量元素是占体重 0.01％以下的元素，主要有铜、铁、锰、硒、钴、碘、钼等。在机体生命活动过程中起十分重要的调节作用，尽管占体重很小，且不供给能量，但缺乏时芦花鸡生长或生产受阻，甚至死亡。

1. 钙与磷

钙是构成芦花鸡骨骼等硬组织的重要成分，鸡体所含钙总量的 90％以上存在于骨骼中，脱脂骨中钙约占 1/3，主要由磷酸钙组成，约 10％的钙含在软组织中，对维持肌肉与神经的兴奋性、正常凝血过程等起重要作用。产蛋鸡钙的需要量是非产蛋鸡的 4～5 倍。当饲料中缺钙时，母鸡产蛋率与蛋的孵化率降低，产出沙皮蛋、薄壳蛋、软壳蛋，破蛋率显著升高。

磷是鸡体中含量仅次于钙的矿物质元素，是构成鸡骨骼的主要原料，鸡体磷总量的80%左右存在于骨中，其他磷含于软组织中，是构成软组织中某些物质和体液中缓冲体系的成分，并对机体代谢产生作用。因而，鸡饲料必须含有一定数量的磷。当饲料中的磷严重缺乏或磷的可利用性差时，鸡食欲很快会丧失，衰弱乃至死亡。

2. 钠和氯

钠和氯有重要的生理作用。缺钠时，雏鸡生长受阻、成活率低、血液浓稠、呈现神经症状；轻度缺钠可使母鸡增加采食量，产蛋量下降，鸡过肥；严重缺钠，采食量降低，产蛋量减少，甚至停产。芦花鸡饲粮中含食盐0.37%左右即可满足钠和氯的需要，在饲喂鱼粉和肉骨粉时，应计入其中的食盐量。鸡对过量的钠敏感，饲粮中的食盐超过3%，雏鸡饮水中超过0.5%，均会使其中毒、致死。

3. 微量元素

芦花鸡需要多种微量元素，但考虑其需要量和饲粮本身的含量，经常添加的有铁、铜、锌、锰、碘、硒、钴。母鸡饲粮缺锰蛋壳脆弱，缺乏铁、铜、锰时孵化率降低。鸡对锰的利用率低，故需要量高于家畜。生产中也有可能缺镁，缺镁时产蛋量下降。微量元素添加量也不宜过多，如铜、锌、硒等过多对生长、产蛋、孵化均有不良影响，严重时还会造成中毒。

四、维生素需要

维生素是体内多种酶的组成成分，主要功能为调节体内的代谢过程。维生素的种类很多，但归纳起来可分为两大类：一类是脂溶性维生素，包括维生素A、维生素D、维生素E及维生素K，它们可以在体内储存；另一类是水溶性维生素，主要包括B族维生素和维生素C等。

动物体内的维生素可从饲料中获取、消化道中微生物合成和动物体的某些器官合成。芦花鸡的消化道短、消化道内的微生物较少，合成维生素的种类和数量都有限；芦花鸡除肾脏能合成一定量的维生素C外，其他维生素均不能在鸡体内合成，必须从饲料中摄取。

五、水的需要

水是鸡体的主要组成成分。鸡体内含水量为50%～60%，主要分布于体液、淋巴液及肌肉等组织中。水是各种营养物质的溶剂，鸡体内各种营养物质的消化与吸收、代谢废物的排出、血液循环、体温调节等都离不开水。鸡和其他动物一样，失去所有的脂肪和一半蛋白质仍能存活，但体内失去总含水量1/10的水分则多数会死亡。如果饮水不足，饲料消化率和鸡的生长速度就会下降，严重时会影响健康，甚至引起死亡。高温环境下缺水，后果更为严重。因此，必须供给充足、清洁的饮水。

鸡体对水的需要量受各种因素的影响，影响最大的是鸡所处的环境温度。不同气温条件下，鸡的饮水量不同。产蛋量高时饮水量大，笼养比平养饮水量多，限制饲养时饮水量也增加。一般而言，成年芦花鸡的饮水量为采食量的1.6～2倍，雏鸡的比例更大。鸡在患病时往往会提前1～2 d饮水量减少，注意观察这些细微变化，有助于及早采取措施，减少损失。

第二节　饲料调制

一、常用饲料

饲料原料种类繁多，养分组成和营养价值各异，需要搭配进行使用。

1. 能量饲料

能量饲料是指富含碳水化合物和脂肪的饲料，在干物质中粗纤维

含量在18%以下，粗蛋白质含量在20%以下。这类饲料的消化率高，每千克饲料干物质代谢能为7.11～14.6 MJ；粗蛋白质含量少，仅为7.8%～13%，特别是缺乏赖氨酸和蛋氨酸；含钙少、磷多。因此，必须和蛋白质饲料等其他饲料配合使用。常用的能量饲料有禾本科籽实、糠麸类和油脂、糖蜜等。

(1)玉米

饲粮中，玉米占50%～70%，玉米含能量高，含纤维少，适口性好，消化率高，是生产中用得最多的饲料，素有饲料之王的称号。黄玉米中含有较多的胡萝卜素，用黄玉米喂鸡可提供一定量的维生素A，可促进芦花鸡的生长发育、产蛋及卵黄着色。玉米的缺点是蛋白质含量低，质量差，缺乏赖氨酸、蛋氨酸和色氨酸，钙、磷含量也较低。

(2)小麦麸

小麦麸中的粗蛋白质含量较高，可达13%～17%，B族维生素含量也较丰富，质地松软，适口性好，有轻泻作用，适合饲喂成年鸡和蛋鸡。

缺点是粗纤维含量较高，能量含量相对较低，钙、磷比例不平衡，喂鸡不宜用量过多。一般小麦麸在芦花鸡饲粮中的用量为7%左右。

为避免因鸡采食量降低造成蛋白质、氨基酸和其他营养素摄入不足，油脂添加比例及日粮配方设计应首先满足鸡不同代次、不同阶段、不同温度下的营养需要，同时应注意各营养素之间的平衡关系，切不可在原有配方方案上直接添加油脂而不进行原料配比调整。

2.蛋白质饲料

蛋白质饲料是指天然含水量低于45%、干物质中粗纤维含量低于18%、粗蛋白质含量高于20%的饲料。根据来源不同，分为植物性蛋白质饲料和动物性蛋白质饲料两类。

(1)植物性蛋白质饲料

①豆粕：豆粕是大豆副产品，作为最常用的蛋白质饲料在畜禽生产上占据饲料原料用量的60%以上，蛋白质含量高达30%～50%，与其

他粕类饲料相比，豆粕除粗蛋白质含量高以外，还含有丰富的氨基酸，且氨基酸组成符合畜禽生长需求。但在实际生产中将豆粕作为饲料原料时，应考虑大豆中的多种抗营养因子会影响机体对营养物质的吸收。

②棉籽粕：是棉花的种子浸取油后剩下的副产品。棉籽粕蛋白质含量高达40%，且含有丰富的氨基酸。棉籽粕中的抗营养因子棉酚会影响家禽对营养素的吸收。在生产上，棉籽粕的添加量远远低于豆粕，其原因之一是棉籽粕中粗纤维含量较高，可达15%左右，从而限制了其添加量，因此，棉籽粕大部分用于还田沃肥，这在一定程度上造成了资源浪费。目前，棉籽粕的发酵工艺正逐渐成熟，发酵后的棉籽粕蛋白质含量甚至高于豆粕，因此，发酵棉籽粕在畜禽生产上的应用也逐渐增多。

③菜籽粕：粗蛋白质含量高达36%，氨基酸组成较平衡，含硫氨基酸含量高，蛋氨酸、赖氨酸含量也较高，但低于豆粕，且精氨酸含量低。菜籽粕中的碳水化合物多是不易消化的戊糖，戊聚糖含量8%，粗纤维含量11%左右。菜籽粕中含有大量的烟酸、胆碱和矿物质(钙、磷、硒、锰)，胡萝卜素和D族维生素含量低。菜籽粕作为饲料原料的使用量远不及豆粕，菜籽粕中含有的大量有毒有害物质(单宁、植酸、异硫氰酸酯、噁唑烷硫酮、硫氰酸酯)影响畜禽对其他营养物质的吸收，且适口性差，从而对动物的生产性能产生负面影响，这极大程度限制了菜籽粕在动物饲粮中的应用。

(2)动物性蛋白质饲料

①鱼粉：理想的鸡蛋白质补充饲料。优质鱼粉蛋白质含量在55%以上，有的高达60%，其含钙3.8%～7.0%，磷2.76%～3.50%，鱼粉质量越好，含磷量越高(磷的利用率为100%)；鱼粉中锌和硒含量高。限制性氨基酸含量全面，尤以蛋氨酸和赖氨酸较丰富，并含大量的B族维生素和钙、磷等无机盐，对雏鸡生长和种鸡产蛋有良好作用。但鱼粉价格较高，饲喂过多会增加饲料成本，芦花鸡用量在5%左右。

②羽毛粉：由各种家禽屠宰后的羽毛以及不适于作羽绒制品的原料制成。羽毛粉中蛋白质含量高达85%，高于鱼粉，含有十几种氨基

酸，还含有能促进生长发育的生长激素。用羽毛粉拌料可使瘦肉率增加，产蛋率提高，并可预防食羽癖。由于其氨基酸极不平衡，所以用量只能在 5%左右。除非用氨基酸添加剂进行平衡，否则不能增加用量。

③蚯蚓：干体中含粗蛋白质 66.5%，用蚯蚓饲喂芦花鸡能使鸡生长快，产蛋多，能提高经济效益。夏、秋季雨水较多，鲜活蚯蚓资源极为丰富，可将收集到的鲜活蚯蚓，用清净水漂洗干净以后，加热煮沸 5～7 min，即可有效杀死蚯蚓体内、体外的寄生虫。一般应将洗煮后的蚯蚓切成小段，添加到饲料中混合喂鸡。试验证明，产蛋鸡每天每只饲喂 15～20 g 或添加饲料量的 12%～15%，同时减去日粮 10～15 g 后饲喂，可使芦花鸡产蛋量提高 7.4%，经济效益增加 9.2%。

3.矿物质饲料

矿物质饲料是指用来提供常量元素与微量元素的天然矿物质及工业合成的无机盐类，也包括来源于动物的贝壳粉和骨粉。

补充钙的饲料主要有石灰石粉、贝壳粉、蛋壳粉等；补充钙、磷的饲料主要有骨粉、磷酸钙盐等；补充钠、氯的矿物质饲料主要有食盐、碳酸氢钠等；其他矿物质饲料主要有沸石、麦饭石、海泡石、膨润土等。

4.青绿多汁饲料

青绿饲料是指天然含水量为 60%及以上的植物新鲜茎叶，如草地牧草、田间杂草、栽培牧草、水生植物、树叶、嫩枝及青菜等。青绿饲料水分含量高，陆生植物水分含量为 75%～90%，水生植物水分含量为 95%左右。豆科青绿饲料蛋白质含量为 3.2%～4.2%，按干物质计算蛋白质含量可高达 18%～24%；禾本科牧草、蔬菜类饲料蛋白质含量 1.5%～3%，按干物质计算蛋白质含量可高达 13%～15%。青绿饲料富含蛋白质、矿物质和多种维生素，胡萝卜素和 B 族维生素含量丰富。

芦花鸡采食一定量的青绿饲料能增加抗病力，对鸡的生长发育具有良好作用。鲜嫩的青绿饲料适口性好，但由于含水量大，在白天采食了较多的青绿饲料后，晚上应饲喂配合饲料。

在乏青季节，可用干草粉或树叶粉代替青绿饲料喂鸡，由于草粉含粗纤维较多，在饲料中使用不宜过多，一般在5%以下，树叶粉占5%～8%为宜。苜蓿草粉是饲料中常用的优质草粉，蛋白质含量为15%～20%，氨基酸组成比较平衡，矿物质中的钙和有效磷含量较高，并富含丰富的维生素，特别是胡萝卜素和叶黄素含量丰富。

5. 饲料添加剂

饲料添加剂是指在配合饲料中添加的各种少量或微量成分的总称。从作用上讲，饲料添加剂可以分为营养性和非营养性两类。营养性的饲料添加剂最为常见，如多维、氨基酸以及各种补充微量元素的添加剂等。非营养性的添加剂常见的有抗氧化剂（用以维持维生素的活性）、中草药（抗病、增加养殖效益）等。

二、饲料配合

1. 饲料配合原则

(1)科学性

饲料配方包含了动物营养、饲料、原料特性与分析、质量控制等先进知识。配方的科学性表现在平衡各种营养物质之间错综复杂的关系，调整各种饲料原料之间的配比关系，提高配合饲料的实际利用效率及发挥芦花鸡最大生产潜力。因此，饲料配方需要考虑的是不同发育阶段、不同饲养目的的芦花鸡，在不同饲养条件下的营养需要。再根据饲料原料营养成分、饲喂价值，将多种饲料原料进行科学配比，取长补短，充分发挥各营养素的效能，从而提高各营养素的利用率。如菜籽粕适口性较差，在饲料中配比不能过高，若与豆粕、棉籽粕合用，可以提高适口性，做到多种饲料合理搭配，发挥各种营养物质的互补作用，提高饲料的消化率和营养价值。

(2)经济性

在芦花鸡养殖生产中，饲料费用占整个成本的70%～80%，饲料配方应从经济、实用原则出发。所以在配合饲料时，组成配方的原料一定要根据地情来选择，要因地制宜，就地取材，尽量选用营养丰富、价格低廉的原料来配制。需要注意的是，经济性是建立在科学性的基础之上的，撇开科学性的经济性是毫无意义的。生产实践中常用禾本科籽实与粕类饲料搭配，以及粕类饲料与动物性蛋白质饲料搭配等均能收到较好的效果。

(3)安全性

安全性有两层基本含义：一是这种配合饲料对动物本身是安全的；二是这种配合饲料产品对人体必须是安全的。配方设计必须遵守国家有关饲料生产的法律法规，如《饲料和饲料添加剂管理条例》《中华人民共和国兽药管理条例》《饲料卫生标准》等。因发霉、污染和含毒素等而失去饲喂品质的大宗饲料及其他不符合规定的原料不能使用。设计饲料配方时某些添加剂(如抗生素)的用量和使用期限要符合安全法规，尽量使用绿色饲料添加剂(如复合酶、酸化剂、益生素、寡聚糖、中草药制剂等)，提高饲料产品的内在质量，使之安全、无毒、无药残、无污染，符合营养指标、感观指标、卫生指标。

2.配合饲料分类

(1)按照营养成分分类

①预混料：为了把微量的饲料添加剂均匀混合到配合饲料中方便用户使用，将一种或多种微量的添加剂原料与稀释剂或载体按要求配比均匀混合而成的产品称为添加剂预混合饲料，简称预混料。这种饲料不能直接饲喂，必须配合一定比例的能量饲料和蛋白质饲料。这种饲料一般占全价配合饲料的1％～6％。

②浓缩饲料：预混料加上蛋白质饲料构成浓缩饲料，或者全价配合饲料中除能量饲料以外剩余部分的饲料称为浓缩饲料。这种饲料是目前饲料公司生产的主要饲料，适用于能量饲料充足的地方，也适用于受设备限制而不能均匀配合饲料的养殖场(户)。养殖场(户)买回后直接

添加玉米、麸皮等能量饲料，混合均匀后即可饲喂。使用浓缩饲料可以降低运输费用和包装费用。

③全价配合饲料：依据鸡的营养需要，将多种饲料按不同的比例配合成的饲料称为全价配合饲料，这种饲料可直接饲喂。全价只是相对的，配合饲料所含养分及其比例越符合芦花鸡营养需要，越能最大限度地发挥其生产潜力及经济效益，此种配合饲料全价性也越好。

(2)按形态分类

①粉状饲料：是各种饲料原料经过粉碎后直接进行混合得到的，可以是全价配合饲料，也可以是浓缩饲料或是添加剂预混合饲料。其特点是加工方便，成本较低。

②颗粒饲料：是粉状配合饲料经过颗粒压制后形成的，一般为全价配合饲料。其特点是营养分布均匀，动物采食方便，长途运输及搬运过程不出现自动分级现象。

③破碎饲料：是颗粒饲料再经加工破碎形成的，既具有颗粒料的优点，又比颗粒料的采食时间长，不至于导致过食过肥，适用于各种年龄的家禽使用，尤其是雏禽。

3.日粮配合方法

(1)对角线法

对角线法又称方块法，也称交叉法、四边法等。在考虑营养指标少且原料种类不多的情况下，可采用此法。该方法简单易行，缺点是不能考虑多项营养指标。

【案例1】

某养殖场应用蛋白质含量分别为8.6%、40%的玉米和豆饼，配制蛋白质含量为15%的芦花鸡饲料，则步骤如下。

第一步：计算两种饲料原料的份数。

画一幅方形图，在图中央写上所要配制的饲料中的粗蛋白质含量(15%)。方形图的左上下角分别写上两种饲料原料的蛋白质含量。画对角线，对角线数值相减，以绝对值大数减小数的差即为份数。

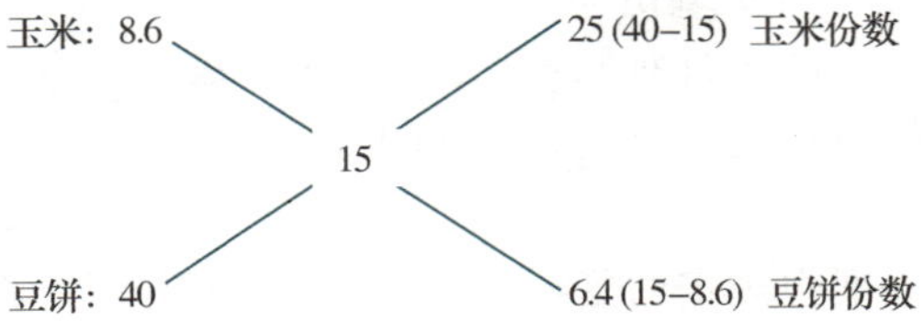

第二步：计算两种饲料原料在配合饲料中所占比例。

玉米：25/(25＋6.4)＝79.62％

豆饼：6.4/(25＋6.4)＝20.38％

第三步：验算。

79.62％×8.6％＋20.38％×40％＝15％

验算结果正确。因此，该配合饲料中玉米占 79.62％，豆饼占 20.38％。

(2)代数法

代数法又叫联立方程法。通常是以原料营养成分含量为系数，以原料在配方中的比例为未知数，列出方程组，并求解原料在配合饲料中比例的方法。代数法优点是条理清晰，方法简便，缺点是饲料原料种类越多，计算越复杂。

以案例 1 为例，用代数法进行配方计算，步骤如下。

第一步：设配合饲料中玉米比例为 x％，豆饼比例为 y％。

第二步：列出联立方程。玉米的蛋白质含量为 8.6％，豆饼的蛋白质含量为 40％，要求配制蛋白质含量为 15％的饲料。

$$0.086x+0.4y=0.15$$

$$x+y=100$$

第三步：解联立方程。$x=79.62$，$y=20.38$。

因此，在该配合饲料中，玉米占 79.62％，豆饼占 20.38％。

(3)试差法

试差法又称为凑数法。首先根据经验初步拟出各种饲料原料的大致比例，然后用各自的比例去乘该原料所含的各种养分的百分含量，再将各种原料的同种养分量相加，即得到该配方的每种养分的总量。将所得结果与饲养标准进行对照，若有任一养分超过或不足时，可通过增加或减少相应的原料比例进行调整和重新计算，直至所有的营养指标都基本满足要求为止。

由于饲养标准中规定的指标很多，为了便于进行计算，通常只考虑主要的几项营养指标，如代谢能、粗蛋白质、赖氨酸、钙、磷等。用试差法计算饲料配方的具体步骤如下。

第一步：根据饲养标准，查出主要营养指标。

第二步：根据当地饲料资源，确定饲料种类，再根据所选饲料，确定这些饲料中的养分含量分别有多少。

第三步：初步拟定各种原料的大致百分比例，鸡饲粮中饲料种类力求多样化。计算出配合饲料中所含有的主要营养成分含量，并与确定的营养需要量比较。

计算方法：用每一种饲料在配合料中所占的百分比，分别去乘该种饲料的代谢能、粗蛋白质、粗纤维、钙、磷、赖氨酸、蛋氨酸＋胱氨酸含量，再将各种饲料的每项营养成分进行累加，即得出初拟配合饲料中每千克饲料所含的主要营养指标。

第四步：调整日粮配方比例。将计算出来的配合饲料的营养指标与标准要求的营养指标进行比较。调整的原则是结合各类饲料的营养特点，相应地进行部分饲料配比的增减，并继续计算直至结果与饲养标准基本符合为止。根据需要适当加入微量元素、维生素添加剂。

第五步：进行实用性检验。通过分析采食量、饲粮成本、生产效果，综合评定该配方的经济价值，从而最终决定其实用性。

（4）计算机配方法

可采用计算机来筛选最佳日粮配方，同时考虑多种饲料原料和营养指标，能在满足各项营养指标和所给饲料种类的条件下，使饲料配方的成本最低，以获得最佳配方。

【案例 2】

使用 Excel 软件，为产蛋高峰期的鸡设计配合饲料配方。所选用的饲料原料为：玉米、豆粕、花生粕、棉籽粕、菜籽粕、进口鱼粉、石粉、磷酸氢钙、食盐、*L*-赖氨酸盐酸盐（98%）、*DL*-蛋氨酸（99%）、0.2% 微量元素预混料、维生素预混料（每吨配合饲料 500 g）、50%氯化胆碱。

第一步：单击程序中的 Excel，完成新建。

第二步：按图 3-1 中的方法输入 A、B、C、D、E、F、G、H、I 各列的原料及指标、价格、配比、代谢能、粗蛋白质、钙、磷、非植酸磷、赖氨酸、蛋氨酸＋胱氨酸。

	A	B	C	D	E	F	G	H	I
1	原料及指标	配比（%）	代谢能（MJ/kg）	粗蛋白（%）	钙（%）	磷（%）	非植酸磷（%）	赖氨酸（%）	蛋氨酸+胱氨酸（%）
2	玉米	65.647	13.56	8.7	0.02	0.27	0.12	0.24	0.38
3	豆粕	15.8	10	44.2	0.33	0.62	0.18	2.68	1.24
4	花生粕	4	10.88	47.8	0.27	0.56	0.33	1.4	0.81
5	棉籽粕	2	8.49	43.5	0.28	1.04	0.36	1.97	1.26
6	菜籽粕	1	7.41	38.6	0.65	1.02	0.35	1.3	1.5
7	进口鱼粉	1	12.18	62.5	3.96	3.05	3.05	5.12	2.21
8	石粉	8.4	0	0	35.84	0	0	0	0
9	磷酸氢钙	1.33	0	0	23.29	18	18	0	0
10	食盐	0.35	0	0	0	0	0	0	0
11	L-赖氨酸盐酸盐	0.012	0	0	0	0	0	78.8	0
12	DL-蛋氨酸	0.111	0	0	0	0	0	0	99
13	氯化胆碱	0.1	0	0	0	0	0	0	0
14	微量元素预混料	0.2	0	0	0	0	0	0	0
15	维生素预混料	0.05	0	0	0	0	0	0	0
16	合计	100	11.28	16.49	3.45	0.6	0.4	0.75	0.65
17	标准		11.29	16.5	3.3~3.5	0.6	0.36~0.4	0.75	0.65

图 3-1　产蛋高峰期的鸡设计配合饲料配方

第三步：查产蛋鸡的饲养标准，确定产蛋鸡的营养需要量，见表 3-1。并输入表格中。

表 3-1　产蛋高峰期的鸡的营养需要量

代谢能 /（MJ/kg）	粗蛋白质 /%	钙 /%	总磷 /%	可利用磷 /%	食盐 /%	赖氨酸 /%	蛋氨酸＋胱氨酸 /%
11.29	16.5	3.3～3.5	0.6	0.36～0.40	0.30～0.35	0.75	0.65

第四步：插入函数，计算配方的营养成分含量。选取 C16 单元格，插入函数“＝SUM－PRODUCT（$B2：$B15 * C2：C15）/100”，按“Enter”键，即得出 C16 单元格的数据。然后拖动 C16 单元格右下角

的“+”至 I16，计算出 D16、E16、F16、G16、H16、I16 的数值。

第五步：写出配方，见表 3-2。

表 3-2　产蛋高峰期的鸡饲料配方

原料	配比/%	营养指标	含量	标准
玉米	65.647	代谢能/(MJ/kg)	11.28	11.29
豆粕	15.8	粗蛋白质/%	16.49	16.5
花生粕	4	钙/%	3.45	3.3～3.5
棉籽粕	2	磷/%	0.6	0.6
菜籽粕	1	非植酸磷/%	0.4	0.36～0.4
进口鱼粉	1	赖氨酸/%	0.75	0.75
石粉	8.4	蛋氨酸+胱氨酸/%	0.65	0.65
磷酸氢钙	1.33			
食盐	0.35			
L-赖氨酸盐酸盐	0.012			
DL-蛋氨酸	0.111			
胆碱	0.1			
微量元素预混料	0.2			
维生素预混料	0.05			
合计	100			

第三节　饲料的选购与储藏

一、饲料的选购

饲料在养鸡生产，尤其是蛋鸡生产中占成本的 70%，要选择生产规模比较大、平时在行业里口碑比较好、饲料质量比较稳定的饲料生产厂家。一般来说，正规厂家饲料包装应美观整齐，厂址、电话、适应品种明确，有在工商部门注册的商标。

二、饲料的储藏

在储藏期间，饲料原料的品质会发生变化，造成养分损失和营养价值降低，若发生严重霉变则降低或完全丧失饲用价值，饲料原料储存过程中还常发生虫蚀、鸟害与鼠害，造成数量与质量下降。对不同种类的饲料原料储存有不同的要求。

1. 玉米

玉米储藏主要是散装储藏，一般立筒仓都是散装。刚粉碎的玉米应立即通风降温，码垛不宜过高，最好码成井字垛，便于散热，及时检查，及时翻垛。一般应采用玉米籽实储藏，需配料时再粉碎。

2. 饼粕

饼粕类由于本身缺乏细胞膜的保护作用，营养物质外露，很容易感染虫、菌。因此，储藏时要特别注意防虫、防潮和防霉。入库前可使用磷化铝熏蒸，用敌百虫等灭虫消毒。要严格控制水分，最好控制在 5% 左右。

3. 麦麸

麦麸破碎疏松，孔隙度较面粉大，吸潮性强，含脂量高(可达 5%)，很容易酸败、霉变和生虫，特别是夏季高温潮湿季节更易霉变。储藏麦麸在 4 个月以上，酸败就会加快。麦麸应把温度降至 10 ℃ 再入库储藏，在储藏期要勤检查，防止结露、吸潮、生霉和生虫。一般储藏期不宜超过 3 个月。

4. 米糠

米糠脂肪含量高，导热不良，吸湿性强，极易发热酸败，储藏时应避免踩压，入库时米糠要勤检查、勤翻、勤倒，通风降温。米糠储藏稳定性比麦麸还差，不宜长期储藏，要及时推陈储新，避免损失。

5. 配合饲料

(1)颗粒饲料

颗粒饲料在储藏期间必须保持干燥，包装要用双层袋，内用不透气的塑料袋,外用编织袋包装。储藏饲料的温度要低于 10 ℃。

(2)粉状饲料

粉状饲料一般不宜久放,要尽快使用。一般存放时间不要超过 1 个月。

(3)浓缩饲料

浓缩饲料导热性差、易吸湿,因而害虫容易繁殖,维生素易受热、氧化等因素的影响而失效。储存时要放在干燥、低温处。有条件时,可加入适量抗氧化剂。

第四节　饲喂管理

一、育雏期

芦花鸡雏鸡出壳 25 h 左右,开始喂食,将玉米渣或是小米作为饲料可以提高雏鸡啄食能力,3 d 后开始添加易消化、营养全面的雏鸡全价饲料。因其生长速度较慢,饲料中粗蛋白含量应低于全价料的 2%,并做到少量多餐,以促使雏鸡生长发育良好。这一阶段的雏鸡消化系统还未发育完全,非常脆弱,喂料要定时定量,一般以喂八成饱为宜。过饱会引起消化不良;不足时会影响雏鸡生长发育,甚至会引起啄食恶癖。每次喂料量以 15～20 min 吃完为宜。一般 6 周龄以内雏鸡,每日应饲喂 5～6 次。6 周龄以后,可以适当减少饲喂次数,通常一日饲喂 4～5 次。同时要提供干净和足够的水给雏鸡饮用,也可以在温水中添加 5%的红糖供雏鸡饮用,这样可以促进雏鸡吸收体内剩余的蛋黄。时刻关注雏鸡的食量、健康情况,一般雏鸡食量突然下降或是增多都是疾病的先兆。

二、放养期

芦花鸡雏鸡体重一般达到 0.3 kg 以上便具备了放养的条件。这时可以把它散放到树林里、水库边、草甸里，雏鸡在广阔的田野里捕捉昆虫，吃草籽、嫩草，自由活动。在放养过程中，不能单纯依靠野生饲料，要及时地做好饲料补充，避免营养不均衡。这一时期长达 15 周，在补料上可由院养日喂 5 次逐渐减少到 2 次即可。在日喂 2 次时，早晨放出时少喂，晚上回来时多喂。生长期的鸡生长速度快，食欲旺盛，采食量不断增加。饲养目的是使鸡得到充分的发育，为后期的育肥打下基础。在此期间应公、母鸡分群饲养。一般公鸡羽毛长得较慢，争斗性强，对蛋白质及其中的赖氨酸等物质利用率较高，饲料效率高。母鸡由于内分泌激素方面的差异，增重慢，饲料效率差。

第四章

通风与温湿度

第一节　通风

通风是采用自然或机械方法使风没有阻碍，可以穿过，到达房间或密封的环境内，以造成卫生、安全等适宜空气环境的技术。通过合理的通风管理，调节环境条件，减少鸡受到应激的影响，发挥出最佳生产性能，同时可以降低人力成本。

一、通风的作用

1.通风作用

引进新鲜空气，主要是氧气；排出有害气体，主要是氨气、硫化氢、二氧化碳等。调整鸡舍内的湿度，减少鸡舍内灰尘、细菌、病毒等有害物质的残留；调整舍内温度，保持舍内空气有一定流速，使芦花鸡感觉舒适。

2.通风不良的危害

(1)有害气体浓度高，氧气浓度低。鸡舍内常见的有害气体有二氧化碳、氨气、硫化氢及煤炉取暖时放出的一氧化碳。这些有害气体会刺激鸡的黏膜，尤其是眼结膜和呼吸道黏膜，引起眼部疾病和呼吸道炎症，进而发生呼吸道疾病。有害气体进入血液会破坏血液的携氧功能，这样可导致直接缺氧和间接缺氧，诱发鸡腹水症的发生。有害气体浓度过高，也会使食欲降低，造成营养缺乏，使生产性能下降，甚至呼吸中断，昏迷死亡。日常管理过程中可以按照人进入鸡舍的感觉大致判断，一般认为进入鸡舍后人的脸部与鸡处于同一水平面时不流泪，不感觉胸闷即可。

(2)多余的水分不能及时排除，造成湿度过高，鸡易发生曲霉菌病，对于成年鸡，高温高湿加重了热应激，易中暑。

(3)舍内灰尘、细菌和病毒等不能及时排除，易诱发各种疾病。

二、通风类型

鸡舍通风类型有三种，即自然通风、机械通风和辅助机械通风。

1. 自然通风

自然通风主要适用于开放式鸡舍和半开放式鸡舍，其优点是节省了通风设备的投资，缺点是通风量随外界条件变化而变化，不能根据需要进行调节和控制。

自然通风的动力是风力和温差。当自然界有风时，吹到鸡舍墙壁上，使迎风面的风压大于舍内气压，而同时背风面的气压小于舍内气压，这样空气通过开在迎风面的窗户(进气口)流入舍内，由背风面的窗户(出气口)流出，这就是风压通风。如果外界风力大，进气口面积大，则通风量大。

舍内养鸡时，舍内空气被鸡体加温变热变轻而上升，通过上部出气口排出舍外，舍外空气则由开设于鸡舍下部的进气口流入舍内，如为窗户，则窗上部为出气口，下部为进气口。如舍内外温差大，通风口面积大则通风量大。

2. 机械通风

机械通风主要适用于密闭式鸡舍和跨度较大的半开放式鸡舍，分正压通风、负压通风以及正压-负压综合通风。

(1)正压通风

采用风机并且通至舍内的管道，管道上均匀开有送风孔。开动风机强制进气，使舍内空气压力稍高于舍外大气压，舍内空气则从排气孔排出。在多风和气候极冷极热地区，多把管道送风机设置在鸡舍屋顶，这样吸进来的空气可以经过预热或冷却和过滤处理再分配到舍内，最后污浊空气由墙脚的出风口排出。

(2)负压通风

在排气孔安装通风机进行强制排气，使舍内空气压力稍低于舍外大气压，舍外空气则由进气孔自然流入。负压通风方式投资少，管理比较简便，进入舍内气流速度较慢，鸡体感觉较舒适。鸡舍采用负压通风时，风机的安排方式主要有以下三种。

第一种是将风机安装在鸡舍一侧墙壁下方(图 4-1)，对侧墙壁上方为进风口，舍外空气由一侧进风口进入舍内与舍内空气混合，另一侧由风机排出舍内空气，气流形成穿透式。这种通风方式比较简单，但鸡舍跨度不得超过 10～12 m，如多栋并列鸡舍，需采取对侧排气，以避免一栋鸡舍排出的污浊气流进入另一栋鸡舍。

图 4-1　风机

第二种是将风机安装在鸡舍屋顶的通风管内，两侧墙壁设置进风口。这种方式适用于跨度较大的(12～18 m)多层笼养鸡舍，舍内污浊空气从鸡舍屋顶排出，舍外新鲜空气由两侧进风口自然进入舍内，在停电时可进行自然通风。

第三种是将风机安装在鸡舍两侧墙壁上，屋顶为进气孔。这种方法适用于大跨度多层笼养或高床平养鸡舍，有利于保温。

(3)综合通风

采用进、排气相结合的综合机组同时进行排气和进气。此种方式多是专门的通风设备，在我国目前生产中尚不多见。

采用机械通风方式应注意出入门及应急窗要严密，风机和进出气口位置要合理，防止气流短路和气流直接送到鸡体。密闭式无窗鸡舍须设应急用窗，防止停电时，恶化舍内环境。一般每 100 m^2 使用面积要有 2.5 m^2 应急用窗面积。

3. 辅助机械通风

一般在半开放式鸡舍内，高温无风天气时自然通风明显不足，可增设风机辅助。可将风机安装在鸡舍两侧山墙上，向舍内送风，或将风机吊装在鸡舍内中央过道上方，开动风机时可加速舍内空气的流动，将热量带走，或将风机安装在鸡舍内一端笼架下，开动风机时可带走一部分鸡粪蒸发的水分，同时还有利于鸡体腹部散热。

三、通风方法

密闭式鸡舍的通风方式有两种：一种是横向通风，为传统工艺；另一种是纵向通风。近年来，世界上发达国家多采用鸡舍纵向通风、低压大流量风机新工艺。纵向通风，不仅增加舍内风速，消除通风死角，改善舍内空气环境，而且减少各鸡舍间疾病的传播，大幅度节省电能。

1. 横向通风

通风时气流顺禽舍的短轴方向流动的通风方式。根据风机类型和舍内压力，可分为横向零压通风、横向负压通风和横向正压通风三种形式(表 4-1)。

表 4-1 横向通风方式

横向通风方式	概念	特点
横向零压通风	采用机械送风和机械排风的方式，通常适用于大型鸡舍，尤其是无窗鸡舍	使用的风机多，设备投资大，目前在生产上没有广泛采用
横向正压通风	通过风机将舍外的新鲜空气强制送入舍内，舍内的空气压力增大，舍内的污浊空气经风口或风管自然排走的换气方式	可对进入舍内的空气进行预先加热、制冷以及过滤等，必须采用风压较高的风机，管理运行费用高，生产上不普遍使用
横向负压通风	将风机安装在纵墙或屋顶，通过风机将舍内的污浊空气排出，造成舍内的空气压力小于舍外，新鲜的空气通过入风口或通风管道进入舍内的换气方式	许多封闭型鸡舍采用轴流式风机进行负压通风

2. 纵向通风

将大量的风机集中在鸡舍的一端山墙，通风时气流顺鸡舍的长轴流动。根据舍内外压力差可分为纵向负压通风和纵向正压通风两种方式。

(1)纵向负压通风

通过集中布置的排风机，使舍内空气纵向流动，从而达到舍内气流分布均匀的目的。理想的设计是把进气口设在一端山墙上(净道一侧)，而所有的排风机则设在对面一端山墙上(污道一侧)。

(2)纵向正压通风

通过集中布置的送风机，使舍内空气纵向流动，对进入的空气进行加热冷却和过滤等预处理，在纵向正压通风系统设计中，把送风口设在一端山墙上(净道一侧)，而所有的排风口则设在对面端山墙上(污道一侧)。

种鸡和雏鸡舍通风换气参数见表 4-2。

表 4-2　鸡舍通风换气参数

项目		育雏期	育成期	成年鸡
舍温/℃		25～33	15～29	5～29
湿度/%		70	70	70
换气量/［m^3/(只·h)］	夏	6.6	12	18
	春、秋	3.3	8	12
	冬	1.8	3	5

四、通风注意事项

1. 通风换气量和进风口面积的确定

(1)通风换气系数

夏季 0.155 m^3/(kg·min)，冬季 0.015 5 m^3/(kg·min)。即夏天外界(25 ℃以上)每千克体重的鸡每分钟所需通风量为 0.155 m^3。冬季外界(0 ℃以下)每千克体重的鸡每分钟所需通风量为 0.015 5 m^3。

必须注意的是，冬季生炉火升温的鸡舍要适当加大换气量，补充炉火消耗的氧气。

(2)进风口位置和面积的确定

靠机械通风的鸡舍一般以每小时 1 m^3 的换气量为宜，进风口面积为 1 cm^2，冬季为保温不宜开得过大，夏天降温时适当加大，进风口位置在远离风机的一端。自然通风的鸡舍进风口和排风口的位置要均匀，二者面积比例要适当，保证鸡舍内的空气流速。夏季进风口的面积可适当加大，冬季一般在背风面多开一些风口，在迎风面少开一些为宜，冬季风口的位置一定要在鸡舍的偏上方，鸡舍顶棚上留有换气孔效果更理想。

2. 风速

在相同环境温度下风速越高，鸡的感觉温度比环境温度越低。在任何情况下，鸡舍内均应保持一定的气流速度，使舍内空气环境均匀一致，保证舍内的通风换气正常进行。即使在严冬季节也要保持舍内有一定的气流流速，以 0.1～0.2 m/s 为好，不宜超过 0.3 m/s。如果风速低于 0.05 m/s，说明通风不良，夏季气流速度在封闭鸡舍以 0.5 m/s 的效果较好，开放式鸡舍的风速达到 1.0～1.5 m/s 较为理想。

3. 通风换气

具体实施过程应注意从接雏第一天起就必须有良好的通风，保证舍内不缺氧，但雏鸡体温调节或不健全，通风换气过程容易导致温度下降，一定要保持温度适中平稳，不能发生剧烈变化，而且一定要注意体感温度与环境温度的差别。通风换气时不能有死角，要防止贼风，避免寒风直接吹到鸡身上。

第二节　温度

鸡是恒温动物，温度过高时鸡只食欲减退，采食量减少，饮水增多，代谢受阻，生长缓慢，抵抗力下降，易患感冒、呼吸道疾病以及诱发啄癖等。温度过低时鸡不爱活动，易发生拥挤扎堆，严重时造成挤压死亡。

一、养殖适宜温度的判断

不同类型、用途和生长阶段的芦花鸡对温度的要求有所不同。为了使鸡的生产潜力发挥到最大，需让鸡处于适宜的环境温度中。判断环境温度是否在适宜范围内，可通过观察芦花鸡群，以及温度计测量得到结果。

1. 观察芦花鸡群

（1）群体表现

合适的温度是芦花鸡群疏散均匀，身体舒展，有部分鸡张嘴呼吸为

指证，如果在远离热源处扎堆，呼吸频率加大，特别是胸式呼吸加大，多为温度过高；如果在近离热源处扎堆，呼吸频率降低，则多为温度过低。但是，这个指证的前提是湿度恰当，芦花鸡群健康。如果缺乏这两个前提，则不能完全参考。

(2)个体表现

如果进入鸡舍，发现有许多鸡身体舒展，而颈部毛逆立，头向下扎或伸脖低头，则多由于湿度低而温度高引起了肺炎。如果手摸翅下，腹部烫手，此时则需要提供其相对低的温度，反之，如果手摸鸡体感到发凉，腿部发青，则需要提供较高的温度。

(3)解剖观察

通过对病死鸡的解剖，不仅要发现脏腑的病理变化，更要查找其发病的原因，其温度的合适与否，就有一个比较好的指证。如果气管扩张，有弹性，甚至有鲜红色出血，支气管内有黏稠痰液，肺脏颜色鲜红或发白，体积不萎缩，胃内有恶臭样的水料排出，则多为温度过高。反之，气管紧张，内有水痰，肺内有黑色瘀血坏死，胃内水液清亮无臭味，胃壁发黑，多为温度偏低。

2. 测量环境温度

测量环境温度时，温度的测定高度与位置，是以鸡只的最大感受位置为代表，常以鸡背高度为准。要注意测量点的选择，所测数据应具有代表性。测量点应根据实际情况，合理布点，一般在平面上可采用三点斜线式或五点梅花式测定点，即除中央测点外，沿对角线于舍两角取 2 点，共 3 个点。测定时间的选择，可采用四点温度测量法，即观测时间为每天 2:00、8:00、14:00、20:00。表 4-3 为育雏期的参考温度。育雏器温度是指距热源 50 cm、距地面 5 cm(与雏鸡背部等高)处的温度。育雏舍温度是指远离门窗和热源，距地面 100 cm 处的温度。育雏期后不必继续保温。适宜的舍内温度有利于健康和增重，提高转化率，故这时仍需注意调节环境温度，最适宜的温度是 15～28 ℃。

表 4-3　育雏参考温度　℃

时间	1～3 日龄	4～7 日龄	2 周龄	3 周龄	4 周龄	5 周龄	6 周龄
育雏器温度	35～33	32	30～28	28～26	26～24	24～21	21～18
育雏舍温度	24	24	22～21	21～18	18	18	18

二、防暑降温措施

1. 遮阳与绿化

对于散养的芦花鸡群，在离鸡舍较近的活动场地上搭凉棚遮阳，或降低养殖密度，均可作为防暑降温的措施。可以在炎热的夏季搭建遮阳网，或是在鸡场周围多种植一些树木，避免阳光直射，从而达到降温的作用。鸡舍棚顶最好使用白色的泡沫板，这样能够减少阳光的辐射，从而减少热量的吸收。

绿化不仅可以遮挡阳光，而且对缓和太阳辐射、降低舍外空气温度也具有一定的作用。如茂盛的树木能挡住 50%～90%的太阳辐射热，草地上的草可遮挡 80%的太阳辐射，绿化地面比未绿化地面的辐射热低 4～5 倍。因此，在鸡舍周围种植树木（树干高度要超过 3 m，以防影响通风）、藤蔓植物（如丝瓜、葡萄等）、草皮、蔬菜等均是夏季防暑的有效措施。

2. 隔热与通风

将屋顶做成双层，靠层间空气的流动将顶层传入的热量带走，阻止热量传入舍内，可以达到防暑的目的。夏热冬冷的地区，可采用双坡式吊顶，在两山墙上设通风口，夏季通风防暑，隔热效果明显；冬季关闭百叶窗可保温。另外，外围护结构的隔热设计增加散热量，地面使用空心砖与混凝土结合的结构，或在地面上使用热阻大、防水耐磨的垫层或垫草，均可达到防暑降温的目的。

3. 降低饲养密度

降低饲养密度可减少鸡体热的散发。另外，还可通过在日粮中适

当添加油脂、减少蛋白质含量或添加抗应激添加剂如维生素 E 等，来降低鸡只热增耗，缓解热应激。

4. 喷雾降温

在散养区的树木、草地区域安装高压喷雾管，以定时喷雾降温。使用过程中要注意定期检查水管喷头是否堵塞，否则，不仅会影响喷雾降温效果，而且雾化效果差，甚至形成喷水状淋湿鸡身。

三、防寒保暖措施

在生产中只要能按舍温要求，进行相应合理的热工学设计，并按设计施工，成年鸡鸡舍基本上可以有效地利用自身产热维持适当的舍温，不必供暖。但对于雏鸡，因为其自身热调节机能发育不全、等热区较窄、临界温度较高，要求较高的舍温。所以，在寒冷地区，对于雏鸡舍需要实行采暖，采暖主要分为局部采暖和集中采暖。

1. 局部采暖

局部采暖指在鸡舍内单独安装供热设备，如电热保温伞、散热板、红外线灯、火炉、火墙等。

①电热保温伞供热：电热保温伞由电源和伞部组成，其工作原理是利用伞部的反射，将电源发出的热量集中反射到地面。通过温度控制系统，使温度保持在适宜的范围内，为雏鸡提供一个适宜的环境温度。

伞下所容雏鸡数要根据伞的面积和高度而定，一般可容雏鸡300～1 000 只（表 4-4）。

电热保温伞育雏的优点是干净卫生，雏鸡可在伞下自由活动，寻找最适宜的温度区域。若在室温低的环境下，单独使用电热保温伞育雏，效果并不佳，耗电多且舍温难以控制。

表 4-4 电热保温伞育雏器的容鸡只数

伞罩直径/cm	伞高/cm	容鸡只数(2 周龄以下)
100	55	300
130	60	400
150	70	500
180	80	600
240	100	1 000

②红外线灯供热:温暖地区或提供恒定的舍温育雏时,可用红外线灯供热。红外线发热元件主要有两种形式:一种是明发射体,所用灯泡为 250 W,一盏 250 W 红外线灯泡可供 100～250 只雏鸡保温;另一种是暗发射体,只发出红外线,不发可见光,在使用时,应配置照明灯,其功率为 180～500 W 或 500 W 以上。红外线离地面的高度视季节不同而异,炎热的夏季离地面 40～50 cm,寒冷的冬季离地面 35 cm。

2. 集中采暖

集中采暖指在寒冷地区的鸡场或种鸡场进行冬繁,可采用一个集中的热源(锅炉房或其他热源),将热水、蒸汽或预热后的空气,通过管道输送到舍内或舍内的散热器等。

目前采暖基本上采取常规方法,但这些方法普遍为设备费用高,受热不均,与通风系统不能良好地协调,使保温和通风产生矛盾。有些鸡场为了保温而减少通风量,致使呼吸道疾病的发生上升。近年来,为了解决保温与通风的矛盾,通风供暖设备的研制有了新的进展,热风炉、暖风机的使用使这一矛盾得到了很好的解决。

第三节 湿度

湿度是衡量鸡舍空气的潮湿程度,一般用相对湿度(空气中实际水汽压和同温度下饱和水汽压的百分比)表示。相对湿度越高,说明空气

越潮湿；相对湿度越低，则说明空气越干燥。在芦花鸡的生长发育过程中，湿度控制是极其重要的环节，湿度的高低影响雏鸡的健康水平和生长发育。

一、湿度对生产造成的影响

1. 高湿度的影响

空气湿度过高，会引起芦花鸡抵抗力下降，同时能促进某些病原微生物和寄生虫繁殖，有利于无囊膜病毒和大肠杆菌、球虫的存在和繁殖，使相应的疾病发生流行。

在鸡舍中由湿度高造成的最恶劣的两种环境条件为高温高湿和低温高湿。高温高湿时鸡体蒸发散热困难，如温度 34 ℃，相对湿度由40％增高到 90％，其占总散热量的比例从 80％下降到 39％，此时鸡体内积热，采食量减少，饮水量增加，继而使体温上升，终致中暑而死。低温高湿环境下，鸡体主要通过辐射、传导、对流散热，高湿环境空气中水汽量大，其热容量和导热性均高（湿空气比干空气热容量大 2 倍，导热性大 10 倍），并能吸收鸡体的长波辐射，因而使鸡体失热过多，其对芦花鸡群的影响比单纯的低温更严重。

2. 低湿度的影响

湿度过低主要影响芦花鸡群健康。湿度过低表明气候干燥，这时微生物悬浮粒子就会增多，极易引发传染病，多发生在秋冬季节，应适当增加空气湿度（包括鸡舍周围的生产区的消毒和鸡舍内的带鸡消毒），一方面，减少空气中悬浮粒子的数量，杀伤病毒；另一方面，湿润的空气可减轻因气候干燥引起的鸡只呼吸道充血和呼吸道毛细血管破裂，防止病毒通过呼吸道直接进入血液。

二、调节湿度的措施

1. 增加湿度

湿度低时，最好是舍内设置喷雾装置，随时加湿，保证适宜湿度。如没有喷雾装置，则可增加带鸡消毒的频率，以达到净化空气和增加湿度的目的，其次还可用火碱拖地、地面洒水的方法加湿。

2. 降低湿度

在低温高湿情况下，要迅速降低湿度，最好的方法是升高鸡舍温度。温度每升高 11 ℃，相对湿度可降低一半。在温度不能升高的情况下，也可加大通风量，杜绝供水系统各部分的漏水，禁止大面积冲刷鸡舍地面、走廊，减少每次带鸡消毒的用水量，经常清扫积水，在鸡舍地面长时间、大面积积水情况下，可铺生石灰吸湿，但必须小心铺洒以及及时更换湿的生石灰。

第五章

清洗与消毒

为预防芦花鸡受到病原微生物的侵袭，营造良好的生长环境，有效降低鸡群感染疾病的风险，降低养殖成本，提高经济效益，饲养人员一定要做好鸡舍的清洗与消毒工作。

第一节　清洗

一、清扫鸡舍及放养场地

坚持每天打扫鸡舍内及附近场地，确保芦花鸡生存环境卫生。在每批鸡饲养完成后，要对鸡舍彻底清扫，尽快将鸡粪及所有的垃圾全部清理干净，并运到离鸡舍较远的地方进行无害化处理。移除剩料、消毒机、空料袋、灯具等，随后由上而下清扫鸡舍内的粉尘，清扫通风窗及遮光罩上的灰尘，清理四周墙壁上悬挂的物品和灰尘，清理所有移出设备上的污垢灰尘保养待用。清理过程中要求干净、彻底，不留任何杂物。

二、冲洗鸡舍

确认清理干净后，对鸡舍进行冲洗作业，使用冲洗机对鸡舍进行彻底冲洗。冲洗前要进行检修，确保冲洗机能正常运行，一定要在冲洗机电源开关处安装防漏电开关，冲洗机的压力最低在 4 kg/cm^2，这样才能确保冲洗效果。

冲洗时一定要彻底，不留死角，彻底的冲洗是进行消毒的前提，没有彻底的冲洗，就无法保证消毒的有效性。

鸡舍冲洗完毕后，对冲洗效果要进行检查，重点检查墙壁、地面、进风口、排风扇、网铺、死角及排水沟等处是否冲洗干净，保证无残留饲料、粪便、羽毛、粉尘等污物。同时将移出舍外的饲养设备擦拭及清洗干净，放入鸡舍。对于评判不合格的，应重新冲洗并再次进行检查，直至符合要求。

第二节　消毒

消毒就是通过一定的方法杀灭或清除外界环境中的病原微生物，将其数量降到最低限度，以减少或防止传染病的发生。因此，消毒是预防和控制疾病传播的重要手段之一。

山地养殖芦花鸡时，要做好预防性消毒工作，定期对鸡舍、放养场地、饮水、器具进行消毒。发生疫病时，对鸡舍、隔离场地、病禽的排泄物、病死鸡以及一切可能被污染的场所、用具和物品进行严格的消毒或无害化处理，切断病原菌的传播。

一、常见的消毒方法

根据消毒方式的不同，可将消毒方法概括为机械消毒法、物理消毒法、化学消毒法和生物热消毒法。

1. 机械消毒法

机械消毒法是单纯用机械的方法（如清扫、洗刷、通风等）清除病原微生物，这是一种最普通、最常用的方法，可结合日常卫生清扫工作进行。

2.物理消毒法

物理消毒法是指通过高温、阳光、紫外线等物理方法杀灭或清除病原微生物及其他有害微生物的方法。物理消毒法的特点是作用迅速，消毒物品上不遗留有害物质。

高温是最实用和有效的消毒方法，可分干热灭菌法和湿热灭菌法。干热灭菌法包括干燥、灼烧、焚烧，湿热灭菌法包括煮沸法、蒸汽法。鸡场常采用火焰灼烧灭菌法，这是一种简单有效的消毒方法，即使用专用的火焰喷射器对金属的笼具、水泥地面、砖墙进行烧灼灭菌，或将鸡尸体以及传染源污染的饲料、垫草、垃圾等进行焚烧处理。

阳光是天然的消毒剂，其光谱中的紫外线有较强的杀菌能力。日光暴晒能够直接杀灭多种病原微生物（如细菌、病毒、真菌、衣原体等）。阳光的灼热和蒸发水分引起的干燥也有杀菌作用。

紫外线具有较强的杀菌能力，但空气中的尘埃及物体表面的污物对消毒效果有很大的影响。人工紫外线灯主要用于实验室消毒，特点是表面性消毒，消毒有效区域是灯管周围 2 m，消毒时间为 1～2 h。应注意人员勿直视紫外线，不要在紫外线照射下工作。

3.化学消毒法

化学消毒法是指应用化学药物杀灭病原体的方法。化学消毒药物对人体组织有害，只能外用或用于环境消毒。

(1)化学消毒法的分类

①浸洗或清洗法：如接种或打针时，对注射部位用酒精棉球或碘酊擦拭。

②浸泡法：将被消毒物品浸泡在消毒液中。此法常用于医疗解剖器械的消毒。当鸡只体表感染寄生虫时，可采用杀虫剂进行药浴。

③喷洒法：消毒时将配好的消毒药装入喷雾器内，对鸡舍地面、墙壁、用具、车辆等进行喷雾消毒。喷雾消毒药液要喷洒均匀，可用于发生传染病时的消毒或平时的定期消毒。

④熏蒸法：利用某些化学消毒剂易于挥发或两种化学制剂反应时

产生的气体对空气及物体进行消毒的方法。如过氧乙酸气体消毒法、甲醛熏蒸消毒法等。

(2)消毒剂的种类及应用

按有效成分的不同,可将消毒剂分为醛类消毒剂、碱类消毒剂、含氯消毒剂、氧化物类消毒剂、酚类消毒剂等种类,不同种类的消毒剂其作用及应用各不相同,常用消毒药物的使用方法见表 5-1。

表 5-1　常用消毒药物的使用方法

药物名称	消毒对象	使用方法	备注
福尔马林、高锰酸钾	鸡舍	每立方米空间 21 g 高锰酸钾,42 mL 福尔马林。容器中先放入高锰酸钾,然后倒入福尔马林,立即离开,密闭熏蒸 24 h 通风两天	要求:鸡舍密闭,舍温 20 ℃ 以上,相对湿度 80%
过氧乙酸	鸡舍、芦花鸡群	带鸡消毒 1:(500～800)	有刺激气味
漂白粉	器具、饮水等	饮水消毒1:(4 000～5 000)	只能保存 3～7 d,现配现用
火碱	鸡舍、道路	2%～3%热火碱溶液泼洒	要求:均匀、周到、消毒不遗漏、无死角

①醛类消毒剂:常用的有甲醛、戊二醛等。甲醛溶液为含 36% 甲醛的水溶液(称为福尔马林),20% 的甲醛溶液可直接加热熏蒸消毒鸡舍、蛋库、孵化器等,也可按 21 g/m^3 高锰酸钾,加入 42 mL 福尔马林进行熏蒸消毒。戊二醛是一种广谱、高效的消毒剂,具有作用迅速、刺激性小、低毒安全等特点。

②碱类消毒剂:主要有氢氧化钠、生石灰等,对细菌和病毒均有强大的杀灭作用。氢氧化钠又名苛性钠、火碱,常用 1%～2% 的溶液消毒地面、器具,2%～5% 的溶液用于环境消毒,此溶液具有腐蚀性,消毒后 6～10 h,用清水冲洗干净,再让鸡进舍。生石灰又称氧化钙,生石

灰1份加水1份制成熟石灰，再用水配成10%～20%的浓度即为石灰乳，粉刷禽舍墙壁、地面，要注意现用现配，也可将生石灰撒于潮湿地面、门口及过道处消毒。

③含氯消毒剂：常用的有漂白粉、次氯酸钠、二氯异氰尿酸钠(优氯净)等。漂白粉是一种应用广泛的消毒剂，有效氯含量在25%～36%，5%的溶液喷洒消毒，可杀死一般的病原微生物。饮水消毒时每立方米加6～10 g漂白粉，30 min后即可饮用。每立方米50 mL 0.3%次氯酸钠溶液可带鸡消毒。

④氧化物类消毒剂：常用的有过氧乙酸、高锰酸钾、过氧化氢、二氧化氯、臭氧等。过氧乙酸对各种病原体都有高效的杀灭作用，消毒效果好，市售成品20%～40%水溶液。常用浓度为0.05%～0.5%，其中0.05%～0.2%溶液常用于浸泡消毒各种耐腐蚀的用具，0.5%溶液多用于喷洒鸡舍地面、墙壁、水槽等。由于具有强腐蚀性和刺激性，配制时谨防溅伤人的眼睛、皮肤和衣服，10%以上浓度加热至70 ℃以上能引起爆炸。高锰酸钾为强氧化剂，常利用其氧化性来加快甲醛蒸发速度，提高空气消毒效果，0.02%～1%的水溶液用于皮肤、黏膜消毒及饮水消毒，2%～5%溶液用于浸泡、清洗食槽和饮水器。

⑤酚类消毒剂：常用的有来苏儿、复合酚等。来苏儿对皮肤无刺激性，对一般病原微生物有良好的杀灭效果。常用1%～2%溶液进行皮肤消毒，0.1%～0.2%溶液用于冲洗创口和黏膜，5%～10%溶液用于排泄物消毒。复合酚又名消毒灵，可杀灭各种致病菌、霉菌、病毒，还可抑制蚊、蝇等昆虫和鼠害的滋生，0.5%～1%溶液用于禽舍、笼具、排泄物的消毒，不得与碱性药物或其他消毒液混用。

⑥表面活性剂类：常用的有新洁尔灭、百毒杀，具有毒性低、无腐蚀性、稳定性好的特点。新洁尔灭为季铵盐类消毒剂，兼有杀菌和去污作用，0.05%～0.1%浓度常用于洗手消毒、淋浴消毒、用具消毒，0.15%～2%溶液可用于禽舍空间喷雾消毒，使用时应避免与肥皂接触，因肥皂属阴离子清洁剂，能减弱其抗菌效果。新洁尔灭不适用于饮水消毒，百毒杀对各种细菌、真菌、病毒、藻类等微生物都有较强的杀灭

作用，0.01%溶液用于饮水消毒，0.03%溶液用于带鸡消毒，0.1%～0.3% 溶液用于鸡舍、用具和孵化室的环境消毒。

⑦碘制剂：常用的有碘伏、碘酊、碘甘油等，可杀死细菌、芽孢、真菌、病毒及原虫等。碘酊是最常用和最有效的皮肤消毒药，碘甘油（含1%碘的甘油制剂）常用于口炎、咽炎和病变皮肤等局部的涂擦。

⑧醇类消毒剂：常用的有乙醇、异丙醇等。乙醇俗称酒精，对细菌繁殖体、真菌孢子、病毒均有杀灭作用，75%酒精溶液具有较好的杀菌作用，用于注射针头、注射部位、皮肤局部、医疗器械等的消毒。

4. 生物热消毒法

生物热消毒法是指通过堆积、沉淀池、沼气池等发酵方法，以杀灭粪便、污水、垃圾及垫草等内部病原体的方法。在发酵过程中，由于粪便污物等内部微生物产生的热量可使温度上升达 70 ℃以上，经过一段时间后便可杀灭病原菌、寄生虫卵、病毒等。此法主要用于大规模废物和污染粪便的无害化处理。

二、常用的消毒设施设备

1. 消毒池

设立消毒池可防止车辆、鞋底将病原微生物带入饲养场。消毒池一般设立在鸡场、鸡舍、孵化室等入口处，消毒药多选用苯酚类消毒药，需定期更换。

2. 洗手池

在鸡舍、蛋库、孵化室等入口处，设置洗手池，池中加入无刺激性的消毒剂（新洁尔灭等），进入生产区时将手在消毒液中浸泡一会儿，杀灭手上的病原微生物。以流动水和肥皂洗手也是一种比较实际的方法。

3. 喷雾装置

常用的喷雾装置有喷雾器和回转式自动喷雾装置。喷雾器在小型鸡场用得较多，可用于地面、墙壁、车辆等的喷洒，也可以选用毒性小、无刺激性的药物在鸡舍进行带鸡喷雾消毒。回转式自动喷雾装置多用于较大的鸡场，可定期在鸡舍将消毒药呈烟状喷雾，对鸡舍和鸡体进行消毒，还可以降低空气中的尘埃。

4. 火焰喷灯

以手提式喷灯较为常用，在发生疫病时，可用喷灯火焰直接烧灼装过病鸡的金属笼架、地面、墙壁，以杀灭病原。

三、消毒措施

根据消毒的对象可分为环境消毒、人员车辆消毒、空舍消毒、带鸡消毒、饮水消毒、死鸡和粪便的处理与消毒等。

1. 空舍消毒

每批鸡饲养完成后，应对鸡舍进行清扫及冲洗，待地面、墙壁干燥后，应进行全面、彻底、严格的消毒，通常使用两种以上不同类型的消毒剂至少消毒 2 次，即首次消毒 24 h 后用高压水枪冲洗，干燥后再消毒 1 次。消毒剂可使用氢氧化钠、来苏儿、百毒杀或过氧乙酸等，待消毒液稍干燥后，把所有用具搬入鸡舍，关闭门窗，然后进行高锰酸钾和福尔马林熏蒸消毒。

2. 带鸡消毒

带鸡消毒是指鸡入舍后至出栏前整个饲养期内，定期使用有效的消毒剂对鸡舍环境及鸡体表面进行喷雾，以杀死空气中悬浮和附着在鸡体表面的病原微生物达到预防性消毒的目的。

带鸡消毒须慎重选择消毒剂，要求广谱、高效、强力、无毒、无害、无残留，对人和鸡刺激性小、腐蚀性小。

常用的消毒剂有 0.015％百毒杀、0.1％新洁尔灭、0.2％～0.3％过氧乙酸、0.2％次氯酸钠等。消毒剂配成消毒液后稳定性较差，不宜久存，应一次性用完。各类消毒药交替使用，每月换 1 次，单一消毒剂长期使用，杀灭效率有所下降。

先关闭门窗，使用高压喷雾器或背负式手摇喷雾器，将消毒药液均匀喷到墙壁、屋顶和地面，一般喷雾量以每立方米空间约 15 mL 计算。喷雾时不要直接对着鸡体喷，应高于鸡体 60 cm 左右，使喷雾颗粒落下，以鸡体表微湿为宜。雾粒大小应为 80～120 μm，不要小于 50 μm。雾粒过大，易造成喷雾不均匀和鸡舍太潮湿，且在空中下降速度太快，与空气中的病原微生物、尘埃接触不充分，起不到消毒空气的作用。雾粒太小，则易被鸡吸入肺泡，诱发呼吸道疾病。

首次带鸡消毒的鸡只日龄不得低于 8 d，鸡苗进入鸡舍即可开始喷雾消毒，育雏期每隔 2～3 d 喷雾消毒 1 次，育成产蛋期每周喷雾消毒 1～3 次，芦花鸡群接种疫苗前后 3 d 内停止喷雾消毒。消毒时间最好安排在鸡群休息或安静时进行，炎热夏季，消毒时间可选在一日中最热的时间，以便消毒的同时也起到防暑降温的作用。

3.设备用具消毒

设备用具消毒时，先搬出鸡舍彻底冲刷干净，再用 4%来苏儿溶液或 0.1%新洁尔灭溶液浸泡或喷洒消毒，然后送回鸡舍内进行熏蒸消毒。免疫用的注射器、针头及相关器材每次使用前、后都须煮沸消毒。化验用的器具和物品等用具每次使用后都应消毒。水槽、食槽应每天清洗、消毒。有些设备如蛋箱、运输用鸡笼等因传染病源的危险较大，应在运回饲养场前进行消毒，或在场外严格消毒。

4.环境消毒

在鸡场出入口设置喷雾装置，喷雾消毒药可采用 0.1%新洁尔灭或 0.2%过氧乙酸。鸡场大门口和鸡舍的门前设有消毒池，消毒液要定期更换，也可用草席及麻袋等浸湿药液后置于鸡舍进出口处。鸡舍周围、生产区道路可用 3%～5%的氢氧化钠喷洒消毒，每周 1～2 次。鸡场周围及场内的污水池、排粪坑和下水道出口等，每月用漂白粉撒布消毒 1～2 次。定期清除杂草、垃圾，做好灭鼠和杀虫工作，保持良好环境卫生。当芦花鸡群周转、淘汰和鸡场周围有疫情时，要加强对场区环境的消毒。有条件的鸡场最好每年将环境中的表层土壤翻新一次，清除环境中的有机物，以利于环境消毒。

5. 人员、车辆消毒

外人必须进入时，须经批准并进行严格消毒后才能进入。严禁外来车辆随便进入生产区，饲料车等必须进入的车辆需要经过有消毒液的消毒池。消毒池内常用3%～5%来苏儿、10%～20%石灰乳或3%火碱溶液等，定期更换消毒药水，应选择两种或两种以上消毒药交替使用，防止因长期使用一种消毒药而使细菌产生耐药性。

场内人员应特别注意自身的消毒，每免疫完1批芦花鸡群用消毒药水洗手1次，工作服用消毒药水泡洗10 min后在阳光下暴晒消毒。

6. 饮水消毒

饮水消毒的目的主要是控制大肠杆菌等条件性致病菌，常用的饮水消毒法有两种，即物理消毒法和化学消毒法。

物理消毒法是用煮沸的方法来杀灭水中的病原微生物，即饮用温开水。这种方法适用于用水量少的育雏阶段。化学消毒法就是在水中加入化学消毒剂消毒，目前市售的很多消毒剂都可作饮水消毒之用，可按外包装上的使用说明进行配制。需要注意的是，芦花鸡免疫接种的前后2 d内禁止使用饮水消毒，以免影响消毒效果。

四、消毒效果的检测

消毒效果受到多种因素的影响，包括消毒剂种类和使用浓度、消毒时的环境条件、消毒设施的性能等。因此，为了掌握消毒的效果，以最大限度地杀灭环境中的病原微生物，防止传染病的发生和传播，必须对被消毒对象进行消毒效果的检测。

1. 实验室检查

实验室检查是指在实验室检查各种消毒剂对不同微生物的杀灭效果和使用浓度。常用的是悬浮试验，分为定性悬浮试验和定量悬浮试验。

定性悬浮试验是指在微生物悬液(培养物或稀释液)中分别加入不同浓度的消毒剂,作用一定时间后,取一定量的样品接种进行分离培养,观察有无微生物生长。如无微生物生长,则说明微生物被全部杀死,消毒效果好;如果有微生物生长,则表示微生物未被全部杀灭。

定量悬浮试验是指在一定量的微生物悬液中加入消毒剂溶液,作用一定时间后取样,进行分离培养,计算残存微生物数。以等量未消毒的悬液内微生物数作对照,计算出杀灭率来表示消毒剂的消毒效果。

2. 现场检查

(1)地面、墙壁和顶棚消毒效果的检查

用灭菌棉拭子蘸取灭菌生理盐水分别对鸡舍地面、墙壁、顶棚进行未经任何处理前和消毒后 2 次采样,采样点为至少 5 块相等面积(3 cm×3 cm)。用高压灭菌过的棉棒蘸取含有中和剂的缓冲液,在采样点内轻轻滚动涂抹,然后将棉棒放在生理盐水管中。振荡后将洗液样品接种在普通琼脂培养基上,置 37 ℃恒温箱培养 18～24 h 再进行菌落计数。

(2)空气消毒效果的检查

将制备好的普通琼脂平板于空气消毒前和消毒后分别放在室内的四角和中央,暴露采样 15 min,然后置于温箱中培养,观察结果。对消毒前后各 5 个平板分别求出平板菌落的均数,然后计算出杀灭率。

(3)水体消毒效果的检查

首先测定水中微生物污染情况,如细菌总数、大肠杆菌指数及菌值、病原微生物等,然后进行水的消毒处理,再检查消毒后各种微生物污染的减少程度,来判定消毒效果。

3. 检测结果判定

如果细菌减少了 80%以上为消毒良好,减少了 70%～80%为较好,减少了 60%～70%为一般,减少了 60%以下则为不合格,应重新消毒。

第六章

环境与疫病

第一节　环境卫生

环境污染问题越来越受到人类社会的重视，山地养殖芦花鸡时需要及时清理孵化废弃物、鸡粪、病死鸡，同时还要做好污水处理工作，保持环境卫生，以保证养鸡场的可持续发展。

一、防害控制

1.杀虫

鸡场重要的害虫包括蚊、蝇和蜱等节肢动物的成虫、幼虫和虫卵。常用的杀虫方法有物理杀虫法、化学杀虫法及生物杀虫法三种。

物理杀虫法对昆虫聚居的墙壁缝隙、用具和垃圾等，可用火焰喷灯喷烧杀虫，用沸水或蒸汽烧烫昆虫或虫卵。

化学杀虫法在鸡舍内外的有害昆虫栖息地、滋生地大面积喷洒化学杀虫剂。

生物杀虫法主要是通过改善饲养环境，阻止有害昆虫的滋生，达到减少害虫的目的。通过加强环境卫生管理、及时清除圈舍地面中的饲料残屑和垃圾以及排粪沟中的积粪，强化粪污管理和无害化处理，填埋积水坑洼，疏通排水及排污系统等措施来减少或消除害虫的滋生地和生存条件。

2. 灭鼠

鼠类作为人和动物多种共患病的传播媒介和传染源，可以传播许多传染病。因此，灭鼠对兽医防疫和公共卫生都具有重要的现实意义。

养鸡场环境要求整洁，不用的器具、物品清除出去，使老鼠无处藏身。建筑最好采用砖混结构，以防老鼠打洞。房舍大门要严紧，通风孔和窗户加金属网或栅栏遮挡。

根据老鼠多数栖息在养鸡场外围隐蔽处、部分栖息在屋顶、少数在舍内打洞筑巢的生活习性，全面投放毒饵，场内外夹攻。饲料库为防止污染应用电子捕鼠器、粘鼠板、诱鼠笼、鼠夹捕打、人工捕杀等方法捕杀老鼠。

3. 防范野鸟

野鸟也是传播病原的主要途径之一，但对野鸟的控制通常比较困难。一般的做法是在鸡舍周边约 50 m 范围内只种草，不种树，减少野鸟栖息的机会。搞好鸡舍周边环境卫生，对撒落在鸡舍周边的饲料要及时清扫干净，避免吸引野鸟飞进鸡场采食。对鸡舍所有出入风口、前后门、窗户等，必须安装防护网，防止野鸟直接飞入鸡舍内。

二、粪污处理

芦花鸡粪中含有大量未被鸡消化吸收的营养成分，尤其氮含量较高。其中氮化合物中的尿酸盐不能为作物直接吸收利用，且对植物根系生长有害，因此，合理使用或适当加工处理鸡粪显得尤为重要。

1. 直接施撒农田

鸡粪如无地方堆放，新鲜鸡粪也可直接施撒农田，但用量不可太多，鸡粪中有 20%的氮、50%的磷能直接为作物利用，其他部分为复杂的有机分子，需经过较长的时期在土壤中由微生物分解后，才能逐渐为作物所利用。

2. 堆肥发酵处理

堆肥是利用好氧微生物，通过高温发酵使有机物矿物质腐殖化和无害化而变成腐熟肥料的过程，通常 2 周即可达到均匀分解、充分腐熟的目的。在这个过程中，产生大量可被植物吸收的有效氮、有效磷、有效钾等化合物，且合成可提供土壤肥力的重要活性物质腐殖质，其施肥量比新鲜鸡粪用量低 4～5 倍。

3. 发酵罐处理

新鲜鸡粪含水量较高，可通过发酵技术达到资源化、无害化处理和利用。鸡粪用发酵罐(图 6-1)发酵时，要提前除去其表面附着的沙砾、羽毛，在无氧条件下，通过一系列微生物的协同作用将有机物分解转化，生成的主要终端产物是甲烷和二氧化碳，同时还伴有少量的氨气和硫化氢。发酵产生的沼渣、沼液，可作为高效有机肥料使用(图 6-2)，伴有防虫防病的作用。

图 6-1　有机肥发酵罐

图 6-2 有机肥装袋

三、病死鸡无害化处理

病死鸡作为重要传染源一定要及时处理，目前常用的死鸡处理方法有以下几种。

1. 焚烧

以煤或油为燃料，在高温焚烧炉内将死鸡烧为灰烬，可以避免地下水和土壤的污染问题，但这种方法常会产生大量烟气，而且消耗燃料较多，处理成本高。

2. 掩埋

掩埋是指按照相关规定，将动物尸体及相关动物产品投入掩埋坑或发酵井中并覆盖，消毒，利用土壤微生物将动物尸体及相关产品进行腐化、降解。该法简单、成本低，且不易产生气味，但使用该法时一定要做好防渗、防漏，以免造成环境污染，且此法无害化时间较长，需定期对掩埋场进行消毒巡查。

3.化制处理

该法是在密闭的高压容器内，通过向容器夹层或容器通入高温饱和蒸汽，在干热、压力或高温的作用下，处理畜禽尸体及相关产品。该法主要适用于国家规定的应该销毁以外的因其他疫病死亡的鸡以及病变严重、肌肉发生退行性变化的鸡等，具有操作较简单、灭菌效果好，处理能力强、处理周期短、不产生烟气、安全等优点，但也存在处理过程中易产生臭味、化制产生的废液污水需进行二次处理、设备投资成本高等问题。

4.堆制处理

该法通过嗜热菌对死鸡、厩粪及秸秆中碳和氮的利用，而合成细菌性生物物质。在堆制过程中不仅可使原料体积缩小35%～45%，而且可使其内的温度高达60～73.9℃。这个温度既可杀灭细菌，也不产生恶臭和虫害。一般经2～3周，死鸡的软组织即会全部分解成无臭的腐殖质，这种腐殖质既是肥料，又可作为土壤改良剂。目前多选择条垛式或发酵槽式静态堆肥及发酵仓堆肥处理病死鸡。该法处理成本低，灭菌效果好，但处理过程中会产生恶臭气体，需有一定的除臭设施。

第二节　常见疫病防治

一、病毒性传染病

1.鸡新城疫

鸡新城疫俗名鸡瘟，是由新城疫病毒引起的一种主要侵害鸡和火鸡的急性、高度接触性和高度毁灭性的疾病。临床上表现为呼吸困难、下痢、神经症状、黏膜和浆膜出血，常呈败血症。典型新城疫的死亡率可达90%以上。

(1)流行病学

鸡新城疫不分品种、年龄和性别,均可发生。没有免疫接种或接种失败的鸡群一旦感染本病,常为暴发性流行,而在免疫不均或免疫力不强的鸡群多呈慢性经过。本病可发生在任何季节,但以春秋两季多发,夏季较少。病鸡是本病的主要传染源,在其症状出现前 24 h 可由口、鼻分泌物和粪便中排出病毒,在症状消失后 5～7 d 停止排毒。轻症病鸡和临床健康的带毒鸡,被病毒污染的饲料、饮水、用具、运动场等也是危险的传染源。传播途径是消化道和呼吸道。

(2)临床症状

该病的潜伏期通常为 2～5 d,毒力弱的可延至 20 d。根据临诊表现、病程的长短,可分为最急性、急性、亚急性和慢性四种类型。

①最急性型:往往突然发病,无特征症状而突然死亡。多见于流行初期和雏鸡。

②急性型:病初体温升高达 43～44 ℃,食欲减退或废绝,有渴感,精神萎靡,不愿走动,垂头缩颈或翅膀下垂,眼半开或全闭似昏睡状态,鸡冠及肉髯渐变暗红色或暗紫色。母鸡产蛋下降或停止,而且软壳蛋增多,蛋壳颜色变浅。随着病程的发展,出现比较典型的症状:咳嗽,呼吸困难,有黏液性鼻漏,常伸头张口呼吸,并发出“咯咯”的喘鸣声或尖锐的叫声。嗉囊内充满液体内容物,将病鸡倒提时常有大量酸臭液体从口中流出。粪便稀薄,呈黄绿色或黄白色,后期排出蛋清样的排泄物。有的病鸡还出现神经症状,如两腿麻痹,站立不稳,共济失调或做圆圈运动,头颈向后仰翻或向下扭转,有时置于背上。最后体温下降,不久在昏迷中死亡。病程 2～5 d。1 月龄内的雏鸡病程较短,症状不明显,病死率高。

③亚急性或慢性型:初期症状与急性相似,不久后症状渐见减轻,同时出现神经症状,病鸡翅膀和腿麻痹,跛行或站立不稳,头颈向后或

向一侧扭转。有的病鸡貌似正常，但受到惊动时，突然伏地旋转，动作失调，反复发作，最终瘫痪或半瘫痪，一般经 10～20 d 死亡。多发生于流行后期的成年鸡，病死率较低。

(3)病理变化

病死鸡剖检可见口腔、鼻腔、喉气管有大量混浊黏液，黏膜充血、出血，偶尔有纤维性坏死点。嗉囊水肿，内部充满恶臭液体和气体。食管黏膜呈斑点状或条索状出血，腺胃黏膜水肿，腺胃乳头顶端出血，在腺胃与肌胃或腺胃与食管交界处有带状或不规则的出血斑点，从腺胃乳头中可挤出豆渣样物质。肌胃角质膜下黏膜出血，有时见小米粒大出血点。十二指肠及整个小肠黏膜呈点状、片状或弥漫性出血，两盲肠扁桃体肿大、出血、坏死。气管内充满黏液，黏膜充血，有可见小血点。

(4)诊断方法

鸡新城疫诊断时需注意与禽流感、传染性支气管炎、传染性喉气管炎等在临床症状和病理变化上有很大的相似性，实践中应做好鉴别诊断，其鉴别要点见表 6-1。

表 6-1　新城疫、禽流感、传染性支气管炎、传染性喉气管炎鉴别

病名	病毒	临床症状	病理变化
禽流感	正黏病毒	冠、肉髯发紫、水肿，腿和趾部鳞片下黑色出血，拉黄绿色稀便	皮下胶冻样浸润，腺胃乳头、黏膜出血，腺胃与肌胃交界处有出血带，气管内有黏性分泌物，卵泡充血坏死
新城疫	副黏病毒	鸡冠发紫，有点头、扭颈等神经症状，嗉囊积气、积液，倒提鸡只口流大量酸臭液体，拉黄绿色、黄白色稀便	腺胃乳头出血，肌胃角质层出血或溃疡，肠道黏膜斑点状出血，十二指肠“纽扣状”溃疡

续表 6-1

病名	病毒	临床症状	病理变化
传染性支气管炎	冠状病毒	主要发生于雏鸡，发病日龄越早，伤亡越严重。病鸡主要表现为伸颈张口呼吸，产蛋鸡主要表现为气管啰音、软壳蛋、畸形蛋增多等	气管、支气管内有干酪样或黏液性分泌物阻塞气管，卵泡变性、充血；生殖型传染性支气管炎卵泡变性、充血；肾型传染性支气管炎表现肾肿大，有白色尿酸盐沉积；腺胃肿大，腺胃黏膜出血、溃疡
传染性喉气管炎	疱疹病毒	主要发生于成年鸡，典型病症为流涕和湿性啰音，之后出现咳嗽和气喘，严重时呈现明显的呼吸困难并咳出血样黏液	喉头、气管发炎，有纤维素性干酪样物或黏液团附着，严重者在气管内形成血块或血液中混合黏膜及坏死组织

(5)防制措施

本病迄今尚无特效治疗药物，主要依靠建立并严格执行各项预防制度和切实做好免疫接种工作，以防本病的发生。在生产中，对本病预防接种可参考如下免疫程序：7～10 日龄采用鸡新城疫Ⅱ系（或 F 系）疫苗滴鼻、点眼进行首免；25～30 日龄采用鸡新城疫Ⅳ系疫苗饮水进行二免；70～75 日龄采用鸡新城疫Ⅰ系疫苗肌内注射进行三免；135～140 日龄再次用鸡新城疫Ⅰ系疫苗肌内注射接种免疫。芦花鸡群一旦暴发了鸡新城疫，可应用大剂量鸡新城疫Ⅰ系疫苗紧急接种，即用 100 倍稀释，每只鸡胸肌注射 1 mL。

2. 禽流感

禽流感，旧称欧洲鸡瘟或真性鸡瘟，是由禽流感病毒引起的禽类的一种全身性、出血性败血症，主要侵害禽的呼吸道和生殖系统。由于病毒毒力的不同，禽感染后的症状和危害程度也有所不同。

(1)流行病学

禽流感一年四季均可发生，但多发生在寒冷的冬季和温差较大的秋末、早春。很少单独发病，常伴有其他病的并发或继发，如大肠杆菌病、新城疫病、支原体病等。许多种类的家禽和野禽如鸡、火鸡、鸭、鹅、珍珠鸡、鹌鹑等都可成为病毒的贮存宿主。鸭不仅带毒广，而且排毒时间较长。某些哺乳动物如猪、海豹、水貂等都可感染。病禽和带毒的禽是本病的主要传染源。感染禽可从呼吸道、结膜和粪便排出病毒。本病可通过被污染的水、饲料、工具等传播，人也是重要的传播者。强毒可使易感禽直接发病，弱毒可在禽群中反复传代增殖，有可能变异为强毒。

(2)临床症状

本病的潜伏期可由数小时至几天。其临床症状由所感染病毒的毒力不同而呈现不同的症状。

①最急性型：由高致病性禽流感病毒所引起，常无明显症状，突然死亡。

②急性型：常由中等毒力的病毒所引起，潜伏期为4～5 d。为目前发生禽流感常见的一种病型。发病率高，但死亡率较低。常见的症状是精神沉郁，体温升高(43～44 ℃)，食欲减退或消失，消瘦，产蛋减少。病禽呈现咳嗽、喷嚏，气管有啰音，流泪。鼻旁窦肿大，头、睑水肿，流黏液性鼻液，呼吸困难。鸡冠、肉髯发紫或苍白，羽毛松乱。有的病禽可能出现神经症状或下痢。

③慢性型：由低毒力病毒引起，只出现轻微的一过性呼吸道症状，发病率和死亡率都很低。

(3)病理变化

高致病性禽流感的病变特点是冠和肉垂变化明显，由产生水泡到严重肿胀、发紫到明显坏死，常伴发眶周围水肿。有时脚趾肿胀变紫。肌胃和腺胃连接部的黏膜有出血点。有的病例在肝、脾、肾、肺等脏器上见有坏死灶。有时可见严重的淋巴组织坏死。

往往窦内见有卡他性、纤维素性、黏液脓性或干酪性炎症。气管黏膜水肿，有浆液性或干酪样渗出物。气囊增厚并附有纤维素性或干酪样渗出物。卵巢严重萎缩，常发生输卵管炎或卵黄性腹膜炎。

(4)诊断方法

由于禽流感感染引起的流行特点、症状及病理变化与某些禽病相似，必须做出区别诊断，如鸡新城疫、传染性支气管炎、传染性喉气管炎、传染性鼻炎、支原体病、衣原体病、产蛋下降综合征等；特别是某些疾病的混合感染或继发感染，使病情更为复杂，给诊断带来困难或容易发生误诊。最终诊断以国家参考实验室结果为准。

(5)防制措施

①加强饲养管理：平时要重视综合性兽医防疫工作，特别要注意不从疫区进购活禽、饲料，防止水、饲料被污染。防止野鸟进入鸡舍，做好日常消毒工作。

②进行免疫接种：当发生区域不明确血清型时，可采用多价疫苗免疫。疫苗免疫后的保护期一般可达 6 个月，但为了保持可靠的免疫效果，通常每 3 个月应加强免疫 1 次。

③发病处理措施：严格执行封锁、隔离、消毒、捕杀病鸡等措施。将原发疫区和周围禽场严格隔离；对整个鸡场进行彻底清洗、消毒；饲养过病禽的房舍经过充分清洗消毒后，要空舍 30 d 以上，经严格检查合格，才允许恢复生产；发生高致病性禽流感的禽类必须扑杀，发生低致病性禽流感的禽类一般也没有饲养价值，也要淘汰。

3.鸡传染性法氏囊病

鸡传染性法氏囊病也称鸡传染性法氏囊炎，是雏鸡发生的一种急性、接触性传染病。主要特征是病鸡腹泻、厌食、震颤和重度虚弱，法氏囊肿大、出血，骨骼肌出血，以及肾小管尿酸盐沉积。

(1)流行病学

本病发生无季节性，全年都可发病。本病只有鸡感染发病，其易感性与鸡法氏囊发育阶段有关，3～6 周龄鸡最易感，法氏囊已退化的成年鸡只发生隐性感染。其主要传染源是病鸡和隐性感染鸡，传播方式是通过呼吸道、消化道、眼结膜高度接触传染。污染的饲料、饮水、垫草、用具、吸血昆虫和带毒老鼠等可成为传播媒介。鸡发病后常继发球虫病和大肠杆菌病。

(2)临床症状

①典型感染：多见于新疫区和高度易感鸡群，常呈急性暴发，1～2 d内可波及全群。病鸡表现为精神沉郁，食欲下降，羽毛蓬松，翅下垂，闭目打盹，有些病鸡自啄泄殖腔；腹泻，排出白色稀粪或蛋清样稀粪，内含细石灰渣样物，干涸后呈石灰样，肛门周围羽毛污染严重；畏寒、挤堆，严重者垂头伏地，严重脱水，极度虚弱，后期体温下降。呈尖峰式的死亡曲线，发病后 1～2 d 内病鸡死亡率明显增多且呈直线上升，5～7 d 达到死亡高峰，其后迅速下降和恢复，病程约 1 周。本病的感染率为 100%，死亡率一般在 10%～30%，但若混合感染或继发其他疫病，死亡率会更高。

②非典型感染：主要见于老疫区和有一定免疫力的鸡群，常常是由于感染低毒力的传染性法氏囊病变异毒株而引起。该病型感染率高，发病率低，症状不典型。主要表现为少数鸡精神不振，食欲减退，轻度腹泻，死亡率一般在 3%以下。但病程和鸡群的整个流行期都较长，并可在一个鸡群中反复发生。该病型主要引起免疫抑制，感染鸡群对其他疫苗的免疫接种效果甚微或根本无效。

(3)病理变化

病鸡尸体脱水，腿肌、胸肌呈现出血条纹或出血斑。特征病变为法氏囊由于出血、水肿而肿大，感染 2～3 d 法氏囊的水肿和出血变化更为明显，其体积和重量增大到正常的 2～3 倍。法氏囊本身由正常的白色变为奶油黄色，严重时出血，法氏囊呈紫黑色、葡萄状。切开囊腔后，常见黏膜皱褶有出血点或出血斑，囊腔中有脓性分泌物。感染 5 d 后，法氏囊开始缩小，第 8 天后仅为原来重量的 1/3 左右，此时法氏囊呈纺锤状，因炎性渗出物消失而变为深灰色。有些病程较长的慢性病例，法氏囊的体积虽增大，但囊壁变薄，囊内积存干酪样物。在腺胃与肌胃交界处、腺胃与食道移行部交界处有出血带。盲肠、扁桃体肿大、出血。肾脏肿胀，输尿管中有白色的尿酸盐沉积。

(4)诊断方法

根据流行特点、症状和剖检变化可做出初步诊断，进一步确诊需进行病毒分离及血清学试验。

(5)防制措施

本病目前尚无特效治疗药物，主要做好预防工作。法氏囊炎弱毒苗对本病虽有一定的预防作用，但由于母源抗体的影响及亚型的出现，其效果不理想。通常是在种鸡产蛋前注射一次油佐剂苗，使其雏鸡在20日龄内能抵抗病毒的感染。雏鸡分别于14日龄和32日龄用弱毒苗饮水免疫。

4.鸡马立克病

鸡马立克病是由马立克病毒引起的一种淋巴组织增生性疾病，具有很强的传染性，增生的淋巴细胞侵入鸡的内脏器官、神经干、皮肤、肌肉和眼，以形成肿瘤为特征。

(1)流行病学

鸡是最重要的自然宿主。1～3月龄鸡感染率最高，死亡率为50％～80％，随着鸡月龄的增加，感染率会逐渐下降；性别上，母鸡比公鸡更易感。本病的传染源是病鸡和阴性感染鸡，病毒存在于病鸡的分泌物、排泄物、脱落的羽毛和皮屑中。病毒可通过空气传播，也可通过消化道感染。普遍认为本病不发生垂直传播，但在羽毛根部或皮屑的病原可污染种蛋外壳、垫料、尘埃、粪便而具有感染性；发病率和死亡率视免疫情况、饲养管理措施和病毒毒力的强弱而有所差异。

(2)临床症状

根据发病部位和临床症状可分为神经型、内脏型、眼型和皮肤型四种类型，有时也可混合发生。

①神经型：主要侵害外周神经，由于所侵害神经部位不同，症状也

不同。以侵害坐骨神经最为常见，表现为一侧较轻一侧较重。病鸡步态不稳，开始不全麻痹，后则完全麻痹，不能站立，蹲伏或呈一腿伸向前方另一腿伸向后方的“大劈叉”姿态。臂神经受侵时则被侵侧翅膀下垂。当支配颈部肌肉的神经受侵时，病鸡发生头下垂或头颈歪斜。当迷走神经受侵时，可引起失声、嗉囊扩张和呼吸困难。腹神经受侵时常有拉稀症状。上述症状易于发现，可发生于不同个体，也可发生于同一个体。病鸡采食困难、饥饿、脱水、消瘦，最后衰竭死亡。

②内脏型：这一型多呈急性暴发，幼龄鸡多发，死亡率高。开始时以大批鸡精神委顿为特征。几天后部分病鸡出现共济失调，随后出现单侧或双侧肢体麻痹。部分病鸡死亡而无特征临诊症状。很多病鸡表现脱水、消瘦和昏迷。

③眼型：单眼或双眼发病。表现为虹膜的色素消失，呈同心环状（以瞳孔为圆心的多层环状）、斑点状或弥漫的灰白色，俗称“灰眼”或“银眼”。瞳孔边缘不整齐，呈锯齿状，而且瞳孔逐渐缩小，最后仅有粟粒大，不能随外界光线的强弱而调节大小。

④皮肤型：肿瘤大多发生于翅膀、颈部、背部、尾部上方及大腿的皮肤，表现为个别羽囊肿大，并以此羽囊为中心，在皮肤上形成结节，有玉米至蚕豆大小，较硬，少数溃破。

(3)病理变化

神经系统主要是周围神经干受侵害，常常使坐骨神经肿大2～3倍，呈淡黄色无光泽，纹理消失，有时呈结节状肿大。内脏中的性腺最易受侵害，其他肝、脾、肾、心、肠管、腺胃、肠系膜、胰脏等器官，可能出现单个或多个的淋巴性肿瘤病灶。腔上囊一般表现萎缩。肌肉病变以胸肌最常见，有大小不等的灰白色细纹结节状肿瘤。肌纤维失去光泽，呈灰白色或明显的橙黄色。皮肤发生病变时脱毛，毛囊肿大，形成灰白色结节，甚至可使淡褐色的痂皮中央形成凹陷。

(4)诊断方法

神经型鸡马立克病可根据病鸡特征性麻痹症状及相应外周神经的

病理变化确定诊断。根据发病年龄和病变分布可以区别。在不存在网状内皮组织增生症的情况下出现外周神经淋巴性增粗；16 周龄以下的鸡各内脏器官出现淋巴肿瘤；16 周龄及以上的鸡出现各脏器淋巴肿瘤，但法氏囊无肿瘤；虹膜变色和瞳孔不规则。

(5)防制措施

本病目前尚无特效治疗药物，主要做好预防工作。在生产中，本病的预防接种应安排在雏鸡出壳 24 h 内，即在雏鸡出壳 24 h 内接种马立克病火鸡疱疹疫苗，若在 2～3 日龄进行注射，免疫效果较差。

二、细菌性传染病

1. 鸡白痢

鸡白痢是由鸡白痢沙门菌引起的一种常见和多发的传染病。本病特征为幼雏感染后常呈急性败血症，发病率和死亡率都高，成年鸡感染后，多呈慢性或隐性带菌，可随粪便排出，因卵巢带菌，严重影响孵化率和雏鸡成活率。

(1)流行病学

各品种的鸡对本病均有易感性，以 2～3 周龄的雏鸡发病率与病死率为最高，呈流行性。随着日龄的增加，鸡的抵抗力也增强。成年鸡感染常呈慢性或隐性经过。现在也常有中雏和成年鸡感染发病引起较大危害的情况发生；本病可经蛋垂直传播，也可水平传播。种鸡可以感染种蛋，种蛋感染雏鸡。孵化过程中也会引起感染。病鸡的排泄物及其污染物是传播媒介，可以传染给同群未感染的鸡。本病的发生和死亡受多种诱因影响：环境污染，卫生条件差，温度过低，潮湿，拥挤，通风不良，饲喂不良及其他疾病，如支原体、曲霉菌、大肠杆菌等混合感染，都可加重本病的发生和死亡。

(2)临床症状

①雏鸡：带菌种蛋孵出的雏鸡出壳后不久就可见虚弱昏睡，进而陆

续死亡，一般在 3～7 日龄发病量逐渐增加，10 日龄左右达到死亡高峰；出壳后感染的雏鸡多在几天后出现症状，2～3 周龄病雏和死雏达到高峰。病雏精神萎靡，离群呆立，闭目打盹，缩颈低头，两翅下垂，身躯变短，后躯下坠，怕冷，靠近热源或挤堆，时而尖叫；多数病雏呼吸困难而急促，其后腹部快速地一收一缩即呼吸困难的表现。一部分病雏腹泻，排出白色糨糊状粪便，肛门周围的绒毛常被粪便污染并和粪便粘在一起，干结后封住肛门，病雏由于排便困难和肛门周围炎症引起疼痛，所以排粪时常发出“叽叽”的痛苦尖叫声。3 周龄以后发病的一般很少死亡。

②成年鸡：成年鸡感染后一般呈慢性经过，感染可在鸡群内传播很长时间，但不出现明显的症状。病鸡表现为精神不振，冠和眼结膜苍白，鸡冠萎缩，食欲降低，饮水增加，腹泻。种鸡产蛋率、受精率和孵化率下降，死亡率增高。

(3)病理变化

早期死亡的雏鸡，肝脏肿大、充血或有条纹状出血，胆囊肿大，含有大量胆汁。肺充血或出血。病程长的卵黄吸收不良，呈油脂样或干酪样。在肝、肺、心脏、肠及肌胃上，有黄色坏死点或结节，心肌上的结节增大时能使心脏显著变形。盲肠部膨大，其内容物有干酪样阻塞。肾脏呈暗红色或苍白，肾小管和输尿管扩张，充满尿酸盐。

成年鸡主要表现为卵巢和卵泡变形、变色、变质。卵泡的内容物有的呈米汤样，稀薄如水；有的内含油脂状或干酪样物质，呈三角形、梨形、不规则形，颜色呈黄绿色、灰色、黄灰色、灰黑色等异常色泽。病变的卵泡常可从卵巢上脱落下来，掉到腹腔中，造成广泛性卵黄性腹膜炎，并引起肠管与其他内脏器官粘连。成年鸡还常见腹水和心包炎。急性死亡的成年鸡，可见肝脏明显肿大、变性，呈黄绿色，表面凹凸不平，有纤维素渗出物被覆，胆囊充盈；纤维素性心包炎，心肌偶尔见灰白色小结节；肺淤血、水肿；脾、肾肿大及点状坏死；胰腺有时出现细小坏死。公鸡感染常见睾丸萎缩和输精管肿胀、渗出物增多或化脓。

(4)诊断方法

根据本病的流行特点、症状及剖检病变综合分析可做出初步诊断。本病的确诊有赖于病菌的分离培养鉴定。成年鸡呈慢性和隐性经过，可应用凝集反应进行诊断。

(5)防治措施

①饲养管理：到洁净的种鸡场引种；加强对环境的消毒；提高育雏温度2～3℃；保持饲料和饮水卫生；密切注意鸡群动态，发现糊肛应及时挑出淘汰。

②肠道保护：在鸡白痢沙门菌流行的地区，雏鸡出壳后可饮用2%～5%乳糖或5%的红糖水，效果较好。

③药物治疗：治疗前可通过药敏试验筛选抗菌药物，磺胺类药物以磺胺嘧啶、磺胺甲基嘧啶和磺胺二甲基嘧啶为首选药，金霉素、土霉素、诺氟沙星、环丙沙星、恩诺沙星、林可霉素、新霉素、庆大霉素和卡那霉素对鸡白痢均有较好的疗效。药物在使用时要注意交替用药，以免形成耐药性。

2.鸡大肠杆菌病

鸡大肠杆菌病是由不同血清型的大肠埃希氏菌(俗称大肠杆菌)引起的一系列疾病的总称。它包括大肠杆菌性败血症、死胎、初生雏腹膜炎及脐带炎、全眼球炎、气囊炎、关节炎及滑膜炎、坠卵性腹膜炎及输卵管炎、出血性肠炎、大肠杆菌性肉芽肿等。

(1)流行病学

各年龄的鸡都能感染大肠杆菌病，幼鸡易感性较高，20～45日龄的肉鸡最易发生。发病早的有4日龄，晚的也有大雏发病。本病一年四季均可发生，但以冬末春初较为常见。本病传播途径广泛，病菌污染饲料和饮水，尤以污染饮水经过消化道引起发病最为常见；携有本菌的尘埃被易感鸡吸入，进入下呼吸道后侵入血液引起发病；种蛋产出后，被粪便污染，蛋壳表面沾染的大肠杆菌很容易穿透蛋壳进入蛋内。另外还可以通过交配、断喙、雌雄鉴别等途径传播。不良的饲养管理、应激或并发其他病原感染都可成为大肠杆菌病的诱因。本病常易成为其他疾病的并发病和继发病，常与沙门菌病、法氏囊病、新城疫、支原体病、传染性支气管炎、葡萄球菌病、盲肠肝炎、球虫病等并发或继发。

(2)临床症状

鸡大肠杆菌病无特征性临床症状，症状表现与其感染时的日龄、持续时间、受侵害的组织器官以及是否并发其他疾病有关。在临床上常见的有急性败血型、内脏型、卵黄性腹膜炎型、生殖型（输卵管炎、卵巢炎、输卵管囊肿）、腹膜炎、大肠杆菌性肉芽肿、神经型（脑炎型）、眼炎型、脐炎型，危害最大的是急性败血型。共同的症状表现为精神沉郁，食欲下降，羽毛粗乱，消瘦。侵害呼吸道后会出现呼吸困难，黏膜发绀。侵害消化道后出现腹泻，排绿色或黄绿色稀便；侵害关节后表现为关节肿大，在关节的附近有大小不一的水泡，病鸡跛行；侵害眼时，引起眼球炎；侵害大脑时，出现神经症状，表现为头颈震颤，呈阵发性。

(3)病理变化

因大肠杆菌侵害的部位不同，有不同的病理变化。

①大肠杆菌败血症：鸡突然死亡，皮肤、肌肉淤血，血液凝固不良，呈紫黑色。肝脏肿大，呈紫红色或铜绿色，肝脏表面散布白色的小坏死灶。肠黏膜弥漫性充血、出血，整个肠管呈紫色。心脏体积增大，心肌变薄，心包膜充满大量淡黄色液体。肾脏肿大，呈紫红色。肺脏出血、水肿。

②气囊炎：若空气被大肠杆菌污染，吸入后即可发病，多侵害胸气囊，也能侵害腹气囊。表现为气囊壁增厚，气囊混浊、不透明、内有黏稠的黄色干酪样分泌物。

③纤维素性心包炎：表现为心包膜混浊、增厚，心包膜中有脓性分泌物，心包膜及心外膜上有纤维蛋白附着，呈白色。严重者，心包膜与心外膜粘连。

④大肠杆菌性肉芽肿：本病侵害雏鸡与成年鸡，以心脏、肠系膜、胰脏、肝脏、肠管多发，在这些器官可发现粟粒大的肉芽肿结节。肠系膜除散布肉芽肿结节外，还常因淋巴细胞与粒性细胞增生、浸润而呈油脂状肥厚。

⑤眼球炎：单侧或双侧眼肿胀，有干酪样渗出物，眼结膜潮红，严重者失明。镜检可见全眼都有异染性细胞和单核细胞浸润，视网膜完全破坏。

⑥输卵管炎：产蛋鸡感染大肠杆菌时，常发生慢性输卵管炎，其特征是输卵管高度扩张，内积异形蛋样渗出物，表面不光滑，切面呈轮层状，输卵管膜充血、增厚。

⑦卵黄性腹膜炎：由于卵巢、卵泡和输卵管感染发炎，进一步发展成为广泛的卵黄性腹膜炎，故大多数病鸡突然死亡。剖开腹腔，可见腔中充满淡黄色腥臭的液体和破坏的卵黄，腹腔脏器的表面覆盖一层淡黄色凝固的纤维素性渗出物。肠系膜发炎，使肠互相粘连，肠浆膜散布针头大的点状出血。卵巢中的卵泡变形，呈灰色、褐色或酱色等不正常色泽，有的卵泡皱缩。积留在腹腔中的卵泡，如果时间较长即凝固成硬块，切面呈层状。破裂的卵黄则凝结成大小不等的碎片。输卵管黏膜发炎，有针头状出血点和淡黄色纤维素性渗出物。

(4)诊断方法

根据本病的流行特点、症状及病理变化可做出初步诊断，但确诊需进行细菌的分离鉴定。

(5)防治措施

①饲养管理：及时清粪，并堆积密封发酵，加强通风换气和环境绿化以降低鸡舍内氨气等有害气体的产生和积聚。

②药物治疗：用于治疗本病的药物很多，其中恩诺沙星、头孢菌素、庆大霉素可列为首选药物。由于致病性大肠埃希氏菌是一种极易产生抗药性的细菌，因而选择药物时必须先做药敏试验并需要在患病的早

期进行治疗。因大肠埃希氏菌对四环素、多西环素、青霉素、链霉素、卡那霉素、复方新诺明等药物敏感性较低而耐药性较强，临床上不宜选用。在治疗过程中，最好交替用药，以免产生抗药性，影响治疗效果。

三、寄生虫病

1.鸡球虫病

鸡球虫病是一种或多种球虫寄生于鸡肠道黏膜上皮细胞内引起的一种急性流行性原虫病。雏鸡的发病率和致死率均较高。病愈的雏鸡生长受阻，增重缓慢；成年鸡多为带虫者，但增重和产蛋能力降低。

(1)流行病学

病鸡是主要传染源，苍蝇、甲虫、蟑螂、鼠类和野鸟都可以成为传播媒介。凡被带虫鸡污染过的饲料、饮水、土壤和用具等，都有卵囊存在。鸡吃了感染性卵囊就会暴发球虫病；各品种的鸡均有易感性，15～50日龄的鸡发病率和致死率都较高，成年鸡对球虫有一定的抵抗力。11～13日龄的雏鸡因有母源抗体保护，极少发病。饲养管理条件不良，鸡舍潮湿、拥挤，卫生条件恶劣时，最易发病；在潮湿多雨、气温较高的梅雨季节易发病。

(2)临床症状

①急性型：多见于雏鸡。病鸡精神委顿，羽毛逆立，闭眼缩颈，呆立一旁，食欲减退，泄殖腔周围的羽毛被液状排泄物粘在一起。由于肠上皮细胞的大量破坏和自体中毒加剧，病鸡出现共济失调，翅膀下垂，贫血，鸡冠苍白，嗉囊内充满液体，食欲废绝，粪便呈水样、稀薄、带血。若为柔嫩艾美耳球虫病则排血便。末期病鸡昏迷或抽搐。雏鸡感染后4～7 d出现死亡，死亡率可达50%～80%，甚至更高。

②慢性型：多见于4～6月龄以上的鸡。病程较长，持续数周到数月。症状较轻，有间歇性下痢，逐渐消瘦，产蛋减少，很少死亡。

(3)病理变化

柔嫩艾美耳球虫引起的病变主要在盲肠,可见一侧或两侧盲肠显著肿大,可为正常的3～5倍,其中充满新鲜的暗红色血液或凝固的血块;盲肠黏膜斑点状或弥漫性出血;盲肠上皮变厚,有严重的糜烂,甚至坏死脱落,与盲肠内容物、血凝块混合凝固,形成坚硬的“肠栓”。

毒害艾美耳球虫损害小肠中段,可见肠壁扩张、松弛、肥厚和严重的坏死;肠黏膜上有明显的灰白色斑点状坏死病灶和小出血点相间,或呈弥漫性出血;小肠中部向后的肠腔中充满凝固的血液,使肠管在外观上呈淡红色或褐红色。

(4)诊断方法

生前用饱和盐水漂浮法或粪便涂片查到球虫卵囊,或死后取肠黏膜触片或刮取肠黏膜涂片查到裂殖体、裂殖子或配子体,均可确诊为球虫感染。但由于鸡的带虫现象极为普遍,因此,是不是由球虫引起的发病和死亡,应根据临床症状、流行病学资料、病理剖检情况和病原检查结果进行综合诊断。

(5)防治措施

①饲养管理:保持鸡舍干燥、通风和鸡场卫生,定期清除粪便,堆积发酵,以杀灭卵囊。保持饲料、饮水清洁,笼具、料槽、水槽定期消毒,一般每周1次,可用沸水、热蒸汽或3%～5%热碱水等处理。用1∶200的复合酚溶液消毒鸡舍及运动场。每千克日粮中添加0.25～0.5 mg硒可增强鸡对球虫的抵抗力。补充足够的维生素K和给予3～7倍推荐量的维生素A可加速鸡患球虫病后的康复。

②免疫预防:应用鸡胚传代致弱的虫株或早熟选育的致弱虫株给鸡免疫接种,可收到较好的预防效果。

③药物治疗:治疗球虫病的药物很多,球痢灵(3,5-二硝基邻甲基苯甲酰胺),每千克饲料中加入0.2 g,或配成0.02%水溶液,饮水3～4 d;磺胺-6-甲氧嘧啶(SMM)和抗菌增效剂(TMP或DVD),将上述

2种药剂按5∶1的比例混合后，以0.02%混于饲料中，连用不得超过7 d；磺胺二甲基嘧啶，以1%饮水2 d，或以0.5%饮水4 d，磺胺类药物以早期应用效果较好，并且磺胺类药物对鸡副作用大，应慎用；百球清(甲基三嗪酮)口服液，2.5%口服液做1 000倍稀释，饮水1～2 d效果较好；抗球王(1%马杜霉素胺)，每吨饲料用500 g，逐级混匀饲喂，产蛋期禁用，饲料中马杜霉素胺不得高于5 mg/kg。

2.鸡住白细胞原虫病

鸡住白细胞原虫病是住白细胞原虫引起的急性或慢性血孢子虫病，该病以内脏器官和肌肉出血为特征，表现为鸡冠苍白，又叫鸡白冠病、鸡出血性病。

(1)流行病学

本病多发生在炎热地区或炎热季节，常呈地方性流行，任何日龄的鸡都能感染本病，3～6周龄雏鸡和2～4月龄青年鸡易感性最高，发病也最严重。本病的传染途径是通过库蠓叮吸鸡血液而感染的。

(2)临床症状

本病发病很急，病鸡有高热，精神萎靡，食欲消失，流黏性口液，严重贫血，冠和肉髯苍白，腹泻，排出青绿色稀粪。病鸡饮欲增加，呼吸急促，运动共济失调，走路不稳，两肢轻瘫，常伏于地上。雏鸡偶见有咯血症状。病程急促，1～2 d。死前口流鲜血是本病的特征症状。住白细胞原虫病的死亡率很高，10%～80%不等。康复鸡的生长和产蛋都较差。

(3)病理变化

剖检特征性变化是口腔内积有血凝块，鸡冠苍白，全身性广泛出血，肌肉及一些器官出现灰白色小结节。可见全身皮下出血，肌肉特别是胸肌和腿部肌肉有散在出血斑点。肺脏、肾脏和肝脏广泛出血，严重的可见两侧肺叶都充满血液。肾脏周围大片出血，甚至整个肾脏被凝血块覆盖。心脏、脾脏、胰腺及胸腺有出血点，口腔及腭裂处有血样黏液阻塞，气管、嗉囊、腺胃、肌胃以及肠黏膜有出血点，胸腔有时可见积血，软脑膜及脑实质也有出血点。此外，胸部及腿部肌肉、心肌、肝脏、脾脏及胰腺出现针尖至小米大小、界限清楚的灰白色小结节。

(4)诊断方法

可根据临床症状和病理变化对该病进行初步诊断。必要时，可取病变部小结节压片或取病鸡静脉血涂片，用吉姆萨染色，在显微镜下检查白细胞，可见处于不同发育阶段的原虫虫体。

(5)防治措施

①消灭库蠓：消灭吸血昆虫库蠓是预防本病的主要环节。库蠓多在流行季节的清晨及晚间飞入鸡舍吸血，可用 0.2%除虫菊酯煤油溶液或 0.005%溴氰菊酯溶液喷洒鸡舍和周围环境，隔 10～15 d 再用 1 次，可杀灭库蠓，杜绝病原侵入。

②药物治疗：磺胺间甲氧嘧啶，0.1 g/kg 均匀拌入饲料中，喂服 14 d；磺胺二甲氧嘧啶，0.2%拌料，连用 3 d，0.1%～0.2%配比均匀混入饮水中，连用 3 d。

四、营养代谢病

1.鸡痛风

痛风是以病鸡内脏器官、关节、软骨和其他间质组织有白色尿酸盐沉积为特征的疾病，可分为关节型和内脏型。

(1)病因

鸡日粮含钙过多时，常在体内生成某些钙盐，如草酸钙等，经肾脏排泄，日久会损害肾脏；饲料中维生素 A 的含量不足，会使肾小管和输尿管的黏膜角化、脱落，造成尿路障碍。在这些情况下，血液中尿酸的浓度即使比较正常也不能顺利排出，同样能引起痛风。

(2)临床症状与病理变化

本病大多为内脏型，少数为关节型，有时两型混合发生。

①内脏型：病初无明显症状，逐渐表现为精神不振，食欲减退，消瘦，贫血，鸡冠萎缩苍白，粪便稀薄，含大量白色尿酸盐，呈淀粉糊样。肛门松弛，粪便经常不由自主地流出，污染肛门下部的羽毛。有时鸡皮肤瘙痒，自啄羽毛。剖检可见肾肿大，颜色变浅，肾小管因蓄积尿酸盐而变粗，使肾表面形成花纹。输尿管明显变粗，严重的有筷子甚至香烟粗，粗细不匀，坚硬，管腔内充满石灰样沉淀物。心、肝脏、脾脏、肠系膜及腹膜等都覆盖一层白色尿酸盐，似薄膜状，刮取少许置显微镜下观察，可见到大量针状的尿酸盐结晶。血液中尿酸及钾、钙、磷的浓度升高，钠的浓度降低。

②关节型：尿酸盐在鸡的腿和翅膀的关节腔内沉积，使关节肿胀疼痛，活动困难。剖检可见关节内充满白色黏稠液体，有时关节组织发生溃疡、坏死。通常芦花鸡群发生内脏型痛风时，少数病鸡兼有关节病变。

(3)防制措施

发病鸡使用药物治疗效果不佳，只能找出并消除病因，防止疾病进一步蔓延。为预防鸡痛风病，应适当保持饲料中蛋白质的含量，特别是动物性蛋白质饲料的含量，补充足够的维生素，特别是维生素 A 和胆碱的含量。在改善肾脏机能方面要多注意对其产生影响的因素，如创造适宜的环境条件，以及防止过量使用磺胺类药物等。

2. 维生素 D、钙、磷缺乏症

(1)病因

饲料中维生素 D 和钙、磷的添加量不足，饲料中骨粉掺假，以及钙、磷比例失调等均可引发鸡维生素 D、钙、磷缺乏症。

(2)临床症状与病理变化

病雏表现为生长缓慢，羽毛松蓬，腿部无力，喙和爪软而弯曲，走路不稳，以飞节着地，骨骼变软或粗大，易患“软骨症”或“骨短粗症”，也易产生啄癖。成年鸡表现为产薄壳蛋、软壳蛋，产蛋率下降，精液品质恶化，孵化率降低。

(3)防治措施

在允许的条件下，保证鸡只有充分接触阳光的机会，以利于体内维生素 D 的转化。要注意饲料配合(尤其是室内养鸡)，确保饲料中维生素 D、钙、磷的含量。对于发病鸡群，要查明是磷缺乏还是钙或维生素 D 缺乏，在查明原因后，可及时补充缺乏成分，可补充 1%～2% 的骨粉，配合使用鱼肝油或维生素 D，病鸡多在 4 d 后康复。

五、其他疾病

1. 黄曲霉毒素中毒

黄曲霉毒素中毒是鸡的一种常见的中毒病，由发霉饲料中霉菌产生的毒素引起。病的主要特征是危害肝脏，影响肝功能，肝脏变性、出血和坏死，腹水、脾大及消化障碍等。黄曲霉毒素还有致癌作用。

(1)病因

黄曲霉菌是一种真菌，广泛存在于自然界，在温暖潮湿的环境中最易生长繁殖，其中有些毒株可产生毒力很强的黄曲霉毒素。当各种饲料成分(谷物、饼类等)或混合好的饲料污染这种霉菌后，便可引起发霉变质，并含有大量黄曲霉毒素。禽类食入这种饲料可引起中毒，其中以幼龄的鸡、鸭和火鸡，特别是 2～6 周龄的雏鸡最为敏感，饲料中只要含有微量毒素，即可引起中毒，并且发病后较为严重。

(2)临床症状

2～6 周龄雏鸡敏感，表现沉郁，嗜睡，食欲不振，消瘦，贫血，鸡冠苍白，虚弱，尖叫，拉浅绿色稀粪且有时带血，腿软不能站立，翅下垂。成年鸡耐受性稍强，多为慢性中毒，症状与雏鸡相似，但病程较长，病情缓和，产蛋减少或开产推迟，个别可发生肝癌，呈极度消瘦的恶病质而死亡。

(3)病理变化

急性中毒，剖检可见肝充血、肿大、出血及坏死，色浅呈苍白色，胆囊充盈。肾苍白且肿大。胸部皮下、肌肉有时出血。慢性中毒时，常见肝硬化，体积缩小，颜色发黄，并有白色点状或结节状病灶。个别可见肝癌结节，伴有腹水。心肌色浅，心包积液。胃和嗉囊有溃疡，肠道充血、出血。

(4)防制措施

平时搞好饲料保管，注意通风，防止发霉。不用霉变饲料喂鸡。为防止发霉，可用福尔马林对饲料进行熏蒸消毒。

2. 啄癖

啄癖是鸡群中的一种异常行为，常见的有啄肛癖、啄趾癖、啄羽癖、啄蛋癖和异食癖等，危害严重的是啄肛癖。

(1)啄肛癖

成年鸡、幼鸡均可发生啄肛癖，而育雏期的幼鸡多发。表现为一群鸡追啄某一只鸡的肛门，造成其肛门受伤出血，严重者直肠或全部肠子脱出被食光。

(2)啄趾癖

多发生于雏鸡，它们之间相互啄食脚趾而引起出血和跛行，严重者脚趾被啄断。

(3)啄羽癖

啄羽癖也叫食羽癖，多发生于产蛋盛期和换羽期，表现为鸡相互啄食羽毛，情况严重时，有的鸡背上羽毛全部被啄光，甚至有的鸡被啄伤致死。

(4)啄蛋癖

啄蛋癖多发生于平养鸡的产蛋盛期，常由软壳蛋被踩破或偶尔巢内或地面打破一个蛋开始。表现为鸡群中某一只鸡刚产下蛋，就相互争啄鸡蛋。

(5)异食癖

异食癖表现为群鸡争食某些不能吃的东西，如砖石、稻草、石灰、羽毛、破布、废纸、粪便等。

(6)防制措施

①饲料管理：饲料要多样化，搭配要合理。根据鸡的年龄和生理特点，给予全价饲料，保证蛋白质和必需氨基酸（尤其是甲硫氨酸和色氨酸）、矿物质、微量元素及维生素（尤其是维生素 A 和烟酸）的供给，在母鸡产蛋高峰期，要注意钙、磷饲料的补充。

②饲养管理：鸡舍内要保持温度、湿度适宜，通风良好，光线不能太强。做好清洁卫生工作，保持地面干燥。环境要稳定，尽量减少噪声干扰，防止鸡群受惊。饲养密度不能过大，不同品种、不同日龄、不同强弱的鸡要分群饲养。更换饲料要逐步进行，一般有 1 周的过渡时间。喂食要定时定量，并充分供给饮水。平养鸡舍内要有足够的产蛋箱，放置要合理，定时捡蛋。

③运动管理：在鸡舍或运动场内设置沙浴池，或者悬挂青绿饲料，借以增加鸡群的活动时间，减少相互啄食的机会。

④其他措施：患有严重啄癖的鸡群，其鸡舍内光线要暗，使鸡能看到食物和饮水即可，必要时可采用红光灯照明；对雏鸡或成年鸡进行断喙，可有效地防止啄癖的发生。

第三节　免疫用药程序

一、科学免疫接种

鸡的免疫接种是将疫苗用特定方法接种于鸡体，使鸡在不发病的

情况下产生抗体，从而在一定时期内对某种传染病具有抵抗力。

疫苗是用毒力（即致病力）较弱或已被处理致死的病毒、细菌制成的。含活的病毒、细菌的叫弱毒苗，具有免疫快、免疫效力好、免疫接种方法多、用量小且使用方便等优点，还可用于紧急预防；含死的病毒、细菌的叫灭活苗，其安全性好，不散毒，不受母源抗体影响，易保存，产生的免疫力时间长，并且可用多毒株或多菌株制成多价苗，但需要免疫注射，成本较高。

1.确定免疫接种程序

制定芦花鸡免疫程序时要考虑如下因素。

①本地或本场鸡病疫情。对目前威胁本场的主要传染病应进行免疫接种。对本地和本场尚未证实发生的疾病，必须证明确实已受到严重威胁时才能计划接种，对强毒型的疫苗更应非常慎重，非不得已不引进使用。

②芦花鸡的用途及饲养期。如种鸡在开产前需要接种传染性法氏囊病油乳剂疫苗，而商品鸡则不用接种。

③母源抗体的影响。例如对鸡马立克病、鸡新城疫和传染性法氏囊病免疫时，疫苗血清型（或毒株）的选择应认真考虑母源抗体的影响。

④不同疫苗之间的干扰和接种时间的科学安排。

⑤疫苗的出产国家、出产厂家的选择；疫苗剂量和稀释量的确定；不同疫苗或同一种疫苗的不同接种途径的选择；某些疫苗的联合使用；同一种疫苗根据毒力先弱后强安排（如 IB 疫苗，先用 H120，后用 H52）及同一种疫苗的先活苗后灭活油乳剂疫苗的安排。

⑥根据免疫监测结果及突发疾病的发生所做的必要修改和补充等。不同类型芦花鸡的免疫程序见表 6-2 和表 6-3。

表 6-2　芦花鸡种鸡和蛋用鸡参考免疫程序

日龄	疫苗名称	接种途径	剂量(每只鸡)	备注
1	马立克病疫苗	皮下注射	1～1.5 只份	孵化室进行，强制免疫
5	鸡传染性支气管炎	滴鼻点眼	1 只份	
7	鸡痘弱毒冻干疫苗	刺种	1 只份	夏、秋两季使用(6—10 月)
10	鸡传染性法氏囊病弱毒疫苗	饮水	2 只份	
14	新城疫Ⅳ系弱毒疫苗	饮水	2 只份	强制免疫
15	禽流感油乳制灭活疫苗(H5、H9)	皮下注射	0.3 mL	强制免疫
20	鸡传染性法氏囊病弱毒疫苗	饮水	2 只份	
30	新城疫 LaSota 系或Ⅱ系	饮水	2 只份	强制免疫
34	禽流感油乳制灭活疫苗(H5、H9)	肌内注射	0.3～0.5 mL	强制免疫
45	传染性支气管炎弱毒疫苗(H52)	饮水	2 只份	
60(100)	鸡新城疫Ⅰ系弱毒疫苗	肌内注射	1 只份	若放养周期为 180 日龄，该次注射可推迟到 100 日龄

表 6-3　散养芦花鸡免疫参考程序

日龄	疫苗	接种方法
1	马立克病疫苗	皮下注射或肌内注射
7～10	新城疫＋传染性支气管炎(以下简称传支)弱毒苗(H120) 复合新城疫＋多价传支灭活苗	滴鼻或点眼 颈部皮下注射 0.3 mL/只
14～16	传染性法氏囊病弱毒苗	饮水
20～25	新城疫Ⅱ或 N 系＋传支弱毒苗(H52) 禽流感灭活苗	气雾、滴鼻或点眼 皮下注射 0.3 mL/只
30～35	传染性法氏囊病弱毒苗	饮水
40	鸡痘疫苗	翅膀内侧刺种或皮下注射
60	传染性喉气管炎(以下简称传喉)弱毒苗	点眼
80	新城疫Ⅰ系	肌内注射
90	传喉弱毒苗	点眼
110～120	传染性脑脊髓炎弱毒苗(蛋鸡不免疫)新城疫＋传支＋产蛋下降 综合征油苗禽流感油苗 传染性法氏囊油苗(蛋鸡不免疫)	饮水 肌内注射 皮下注射 0.5 mL/只 肌内注射 0.5 mL/只
280	鸡痘弱毒苗	翅膀内侧刺种或皮下注射
320～350	新城疫＋法氏囊油苗(蛋鸡不接种法氏囊苗)禽流感油苗	肌内注射 0.5 mL/只 皮下注射 0.5 mL/只

注:应根据饲养环境、抗体监测水平等制定适合各鸡场的免疫程序。

2. 常见免疫接种方法

(1)饮水

使用的饮水应干净卫生，不含有任何能灭活疫苗病毒或细菌的物质；在饮水免疫期间，饲料中也不应含有能灭活疫苗病毒和细菌的药物；饮水中最好加入 0.1%～0.3%脱脂乳或山梨糖醇，以保护疫苗的效价。为了使每只鸡在短时间均能摄入足够量的疫苗，在供给含疫苗的饮水之前 2～4 h 应停止饮水供应(视天气而定)，稀释疫苗所用的水量应根据鸡的日龄及当时的室温来确定，使疫苗稀释液于 1～2 h 全部饮完。

为使鸡群得到较均匀的免疫效果，饮水器应充足，使鸡群 2/3 以上的鸡只同时有饮水的位置，饮水器不得置于直射阳光下，若风沙较大时，饮水器应全部放在室内。夏季天气炎热时，饮水免疫最好在早上完成。

(2)点眼滴鼻

免疫接种时稀释液的用量应准确，根据自己所用的滴管或针头事先滴试，确定每毫升多少滴，然后再计算实际使用疫苗稀释液用量。

在滴入疫苗之前，应把鸡的头颈摆成水平的位置(一侧眼鼻朝天，一侧眼鼻朝地)，并用一只手指按住向地面一侧的鼻孔，在将疫苗滴到眼鼻上以后，稍停片刻，待疫苗确已吸入后再将鸡轻轻放回地面。应注意做好已接种和未接种鸡之间的隔离，以免重复免疫和未免疫。为减少应激，最好在晚上接种，如果天气阴凉也可在白天适当关闭门窗后，在稍暗的光线下抓鸡接种。

(3)肌内注射或皮下注射

肌内注射或皮下注射免疫接种的剂量准确、效果确实，但耗费劳力较多，应激较大。使用连续注射器注射时，应经常核对注射器刻度容量和实际容量之间的误差，以免实际注射量偏差太大；注射器及针头用前均应消毒。

皮下注射的部位一般选在颈部背侧，肌内注射部位一般选在胸肌或肩关节附近肌肉丰满处。针头插入的方向和深度也应适当，雏鸡的插入深度为0.5～1 cm，日龄较大的鸡可为1～2 cm。在颈部皮下注射时，针头方向应向后向下，与颈部纵轴基本平行。胸部肌内注射时，针头方向应与胸骨大致平行。在将疫苗推入后，针头应慢慢拔出，以免疫苗漏出。

在注射过程中，应边注射边摇动疫苗瓶，力求使疫苗均匀。在接种过程中，应先注射健康群，再接种假定健康群，最后接种患病群。

(4)气雾

气雾免疫可节省大量的劳力，如果操作得当，效果甚好，尤其是对呼吸道有亲嗜性的疫苗效果更佳，但气雾也容易引起芦花鸡群的应激，尤其容易激发慢性呼吸道病的暴发。气雾免疫过程中应注意气雾前应对气雾机的各种性能进行测试，以确定雾滴的大小、稀释液用量、喷口与芦花鸡群的距离(高度)，以及操作人员的行进速度等，以便在实施时参照进行。疫苗的稀释应用去离子水或蒸馏水，不得用自来水、开水或井水，稀释液中应加入0.1%脱脂乳或3%～5%甘油。

严格控制雾滴的大小，气雾期间，应关闭鸡舍所有的门窗，停止使用风扇或抽气机。停止喷雾20～30 min，才可开启门窗和启动风扇(视室温而定)。

气雾时，鸡舍内的温度应适宜，太低或太高均不宜进行，若气温较高，可在晚间较凉快时进行；鸡舍内的相对湿度对气雾免疫也有影响，一般相对湿度在70%左右最为合适。实施气雾时气雾机喷头在芦花鸡群上空50～80 cm处，对准鸡头来回移动喷雾，使气雾全面覆盖鸡群，以鸡群羽毛略有潮湿感为宜。

二、合理用药

掌握芦花鸡的用药特点，可以做到合理、经济用药，提高用药效果，减少药物浪费和药物残留。

给药方法

(1)混料给药

混料给药是指将药物均匀地拌入饲料中，让鸡采食时，同时吃进药物。这种方法方便、简单，应激小，不浪费药物。它适于长期用药、不溶于水的药物及加入饮水内适口性差的药物。病重鸡在采食量过少时不宜应用该方法。

颗粒料因不宜将药物混匀，不主张经料给药；链条式送料时，因颗粒易被鸡啄食而造成先后采食的鸡只摄入的药量不同，也应注意。

(2)混水给药

混水给药就是将药物溶解于水中让鸡自由饮用。此法适合于短期用药、紧急治疗、鸡不能采食但尚能饮水时的投药。易溶于水的药物采用此法效果较好。混水投药时，应根据药物的用量，事先配成一定浓度的药液，然后加入饮水器中，让鸡自由饮用。

对油剂(如鱼肝油)及难溶于水的药物(如制霉菌素)不能采用混水给药。对于一些微溶于水的药物和水溶液稳定性较差的药物(土霉素、金霉素)，可采用适当的加热方法或现用现配、及时搅拌等方法，促进药物溶解，以达到混水给药的目的。水的酸碱度及硬度(金属离子的含量)对药物有较大的影响，多数抗生素在偏酸或偏碱的水溶液中稳定性较差，金属离子也可因络合而影响药物的疗效。

(3)经口投服

经口投服适合于个别病鸡治疗。例如，芦花鸡群中出现软颈病的鸡或维生素 B_1 缺乏的鸡，可经口投药治疗；群体较小时，也可采用此法。此法虽费时费力，但剂量准确，疗效较好。

(4)气雾给药

气雾给药是指使用能使药物气雾化的器械，将药物分散成一定直径的微粒，弥散到空间中，让鸡只通过呼吸道吸入体内或作用于鸡只羽毛及皮肤黏膜的一种给药方法。此法也可用于鸡舍、孵化器及种蛋等的消毒。使用这种方法时需要一定的气雾设备，并且鸡舍的门窗应能密闭，不应使用有刺激性的药物。

(5)体内注射

对于难被肠道吸收的药物，为了获得最佳的疗效，常选用注射法。注射法分皮下注射和肌内注射两种。特点是药物吸收快而完全，剂量准确，药物不经胃肠道而进入血液中，可避免消化液的破坏。该法适用于不宜口服的药物和紧急治疗。

(6)体表用药

芦花鸡患有虱、螨等体外寄生虫，以及啄肛和脚垫肿等外伤，可在体表涂抹或喷洒药物。

(7)药物浸泡

浸泡种蛋用于消除蛋壳表面的病原微生物，药物可以渗透到蛋内，杀灭蛋内的病原微生物，以控制和减少某些经蛋传染的疾病。常用的方法是变温浸蛋法。将种蛋的温度于 3～6 h 升至 37～38 ℃，然后趁热浸入 4～15 ℃的抗生素药液中，保持 15 min，利用种蛋与药液之间的温差造成的负压使药液被吸入蛋内。这种种蛋的药物处理方法常用来控制鸡白痢沙门菌、支原体、大肠杆菌等病原菌。

(8)环境用药

在饲养环境中季节性定期喷洒杀虫剂，以控制外寄生虫及蚊、蝇等。为防止传染病，必要时喷洒消毒剂，以杀灭环境中存在的病原微生物。

下 篇

关键饲养技术

第七章

人工授精技术

第一节　采精

要想掌握完整的采精流程，成功采出精液，需要做好准备工作，掌握正确的采精方法，以及了解各种注意事项。

一、采精前准备

采精前的准备工作包括芦花鸡公鸡的准备和器具的准备。

1. 公鸡的准备

公鸡的准备主要是剪毛和训练。

(1) 剪毛

采精前 1～3 周，公鸡单独饲养，并用弧形剪刀剪掉泄殖腔周围的羽毛，以免采精时污染精液。公鸡须在采精前 3～4 h 绝食，以防止采精时排粪，影响精液质量。

(2) 训练

采精前 2～3 周，每天或隔天进行采精训练。大部分公鸡要经过 3～4 次训练才能建立性条件反射，采集到精液，一旦训练成功，应坚持隔日采精。一些公鸡无性反射，经 3～4 次训练仍采不出精液的应淘汰。

2. 器具的准备

公鸡采精所需的器具主要包括采精杯、保温杯、剪刀、小试管等。为避免人为传播疾病和达到良好的授精效果，公鸡采精的器具使用前应按无菌操作进行清洗消毒，采精前需用生理盐水冲洗移液器、平底集精管2次以上。

二、采精方法

目前普遍采用按摩采精法，可两人或一人操作。

1. 双人采精法

保定人员把芦花鸡公鸡的两腿抓住，公鸡头朝向保定员，尾部向外，并用大拇指压住几根主翼羽，然后再把其平放于腰部。采精人员用右手中指和无名指夹住集精杯，杯口向外，把右手拇指和食指伸开，右手虎口部紧贴于公鸡后腹部柔软处。除拇指外，左手其余四指并拢伸开，掌紧贴于公鸡背部、由前向后按摩，当手到尾根处时用力要大些。这样连续按摩3～5次，当公鸡出现压尾条件反射时，左手迅速将尾部羽毛压向其背部，并把拇指和食指分开、捏于泄殖腔上缘两侧。此时，右手拇指和食指张开呈虎口状，并紧贴于泄殖腔下缘腹部两侧，轻轻抖动触摸。当公鸡伸出交配器时，左手拇指与食指要适当向下挤压，当精液即将流出时，右手迅速将集精杯口贴于泄殖腔下缘接取精液。

2. 单人采精法

采精人员坐在小板凳上，两腿并拢，并将芦花鸡公鸡双腿夹于两腿之间，使其头向左、尾向右。右手持集精杯贴于公鸡后腹部柔软处，左手由背向尾按摩3～5次，同样当公鸡伸出交配器时，左手拇指与食指要适当向下挤压，当精液即将流出时，右手迅速将集精杯口贴于泄殖腔下缘接取精液。

三、采精注意事项

(1)对采精所需全部用具彻底清洗及高温消毒处理。

(2)采精前3～4 h禁食,采精环境要保持安静和清洁。有疾病的公鸡要及时隔离治疗或淘汰。

(3)为防止损伤公鸡,采精人员动作不能粗暴,按摩和挤压泄殖腔要适度用力。

(4)掌握好采精频率。正常情况,可每采精1次休息1 d,或每采精2次休息1 d。公鸡每次采精量为0.3～0.8 mL。如果采精过于频繁,公鸡的精液量会递减,其精子密度也会下降,同时发生畸形的精子数会递增。

第二节　精液品质检测及处理

采集的芦花鸡公鸡精液需要经过品质检测及处理,才能使用。

一、精液品质检测

芦花鸡公鸡的精液品质直接影响种蛋受精率,对精液品质进行定期和不定期检测是长期维持良好受精率的保证措施之一。精液品质检测的指标有:精液感观、精液量、精子活力、精子密度和精液pH。

1.精液感官检测

通过感官对精液品质进行评定,观察有无粪便、血液、尿酸盐或炎性分泌物。

2.精液量的检测

直接通过集精杯上的刻度读取精液量。当集精杯没有刻度时,使用一次性注射器或刻度吸管吸取集精杯中的样品,读取精液量。

3. 精子活力检测

需将精液用生理盐水稀释 50 倍，在显微镜下观察，记录做直线前进运动精子所占的比例。载物台、载玻片、盖玻片均需提前预热至 37 ℃。

4. 精子密度检测

多采用估测法。操作时，取原精液一滴置于载玻片上，盖上盖玻片，在 400 倍的显微镜下观察。若整个视野布满精子，精子间几乎无间隙，则每毫升精液含精子 40 亿个以上；若精子之间有 1～2 个精子的空隙，则每毫升精液含精子 20 亿～40 亿个；若精子间有较大的空隙，则每毫升精液含精子 10 亿～20 亿个；若精子间有很大的空隙，则每毫升精液含精子 10 亿个以下。

5. pH 检查

用精密试纸或酸度计测定，芦花鸡的精液 pH 一般为 6.2～7.4。

二、精液稀释

只有精液品质检测合格的原精才能进行稀释处理。经过稀释的精液，精子密度降低但分布均匀，精液量相对增加，能够给更多芦花鸡母鸡进行人工授精，经济效益明显，且在低温环境下可以长时间保存，有利于运输，促进种源的跨区域利用。

一般精液现采现用，不需保存和运输，可选 6% 葡萄糖液及生理盐水和磷酸缓冲液等某种稀释液，一般按 1∶2的量来稀释。为了达到良好的稀释效果，稀释前稀释液和精液要分别放入试管，且置于装有约 40 ℃水温的保温杯内预热，之后才能加在一起。加入稀释液应沿集精管壁缓慢倒入且轻转动，重复 3～5 次。如是高倍稀释，要逐步进行，以免对精液质量造成影响。整个精液稀释全程在采精后 5 min 内完成。

三、精液保存

保存精液的目的就是延长精子的存活时间。目前，使用较多的方法是常温保存法。

①常温保存即是把稀释后的精液，放在约 15 ℃密封环境内保存，此法可使精子存活约 4 h。

②低温保存就是把稀释后的精液放在特殊的试管内，且把其管口封好，置于约 4 ℃的环境中保存，该法可使精子存活约 1 d。低温保存鸡的精液虽然有很大的研究进展，但还没有大范围用于生产。

③冷冻保存就是将被稀释的精液贮存于液氮中保存，此种保存精液方法效果不太好，会使种蛋的受精率偏低，因而较少用之。

第三节　输精

输精是人工授精技术的最后一个环节，也是最重要的一个环节，科学的输精时间和输精操作是保证鸡蛋受精的关键。

一、输精前准备

输精前，需要做一系列准备工作，主要包括芦花鸡母鸡的准备、用具的准备。

1. 母鸡的准备

输精前应对母鸡的健康状况及产蛋情况进行考察。有疾病和没有开产的不进行输精。

2. 用具的准备

输精用具包括输精管、脱脂棉、保温瓶、稀释液、消毒用具。除橡胶制品外，所有用具均先用碱液清洗再冲洗，干燥后消毒备用。

二、输精方法

为保证鸡蛋受精效果，除了进行正确的输精操作外，还要把控好输精时间和输精量。

1. 输精时间

输精宜在大部分母鸡产蛋后，即在下午 2:00—3:00 开始输精。上午因母鸡子宫中有硬壳蛋，此时输精对受精率有影响。

2. 输精量

输精量与输精次数应当根据精液的品质而定。精子活力高、密度大，输精量可以少些，而且还可以稀释后再输精。如果使用新鲜的未经稀释的精液，输精量为 0.025～0.05 mL，保证每次输入有效精子 5 000 万～7 000 万个。通常情况下，每隔 4～5 d 给母鸡输精 1 次，输精后第 2 天开始收集种蛋。

3. 输精操作

首先，保定人员用左手固定母鸡双腿且轻提起，紧接着把母鸡胸部置于笼门口处；然后，用右手在母鸡腹部适当施加压力。输精员看到母鸡输卵管口外露，便可将输精器或胶头滴管插入母鸡阴道 2～3 cm，输入精液即可。如是对非笼养母鸡人工输精，保定人员可一边用左手抓住母鸡双翅根处，并且稍提高尾部，一边把右手掌置于母鸡后腹部位置，五指放在泄殖腔左右侧地方，适当按压母鸡，很快输卵管口就外露，此时输精员便可对着阴道口输入精液了。

三、输精注意事项

(1)如使用保存或稀释好的精液输精，要根据保存实际情况及稀释倍数输精。若是首次对母鸡输精应加倍分量，也可第 2 天对此母鸡继续输精，以提高其受精率。

(2)整个输精过程要小心对母鸡的按压，注意母鸡排粪，输精器要对准输卵管中央，要轻，不能插偏。

(3)保定人员与输精员要配合好，当输精器刚插入阴道，保定人员立即停止对母鸡腹部施压。

(4)输精时，如使用滴管类，每输一只母鸡要用消毒棉球擦一次；如使用一次性输精器，要做到每只母鸡换一套，以确保输精安全。

第四节　繁殖管理

对鸡的繁殖进行科学管理，需要熟悉鸡的繁殖力评定指标，并掌握提高芦花鸡群繁殖力的措施。

一、繁殖力评定指标

鸡的繁殖力评定指标主要包括种蛋合格率、受精率、孵化率和育雏率。

1. 种蛋合格率

种蛋合格率指种母鸡在规定的产蛋期内(即72周龄内)所产符合本品种、品系标准要求的种蛋数占产蛋总量的百分率。

种蛋合格率＝合格种蛋数/产蛋总量×100％

2. 受精率

受精率指受精蛋数占入孵蛋数的百分率。

受精率＝受精蛋数/入孵蛋数×100％

3. 孵化率

孵化率分为受精蛋孵化率和入孵蛋孵化率两种，分别指出雏数占受精蛋数或入孵蛋数的百分率。

受精蛋孵化率＝出雏数/受精蛋数×100％

入孵蛋孵化率＝出雏数/入孵蛋数×100％

4.育雏率

育雏率指育雏期末，成活雏鸡数占入舍雏鸡数的百分率

育雏率＝育雏期末雏鸡数/入舍雏鸡数×100％

二、提高芦花鸡群繁殖力的措施

1.选育优良品种

做好芦花鸡群的选留工作，尤其是种公鸡的筛选。应该选择体格健壮、第二性征明显、精液品质优良的公鸡留作种用。种公鸡应经历两次选留，第 1 次 6 周龄进行初选，选留数量为母鸡数量的 1/20，第 2 次选留在 24 周龄后或配种前 2 周进行，选留数量为母鸡数量的 1/30。

2.提高饲养管理水平

为了使种鸡的遗传潜能得到发挥，饲养者需要保持鸡舍环境条件适宜，干净卫生，空气质量良好，并结合科学的饲喂管理，来更好地控制体重和均匀度，促使种鸡维持较高的繁殖力。在生产中要做到以下几点。

(1)制定合理的消毒程序

根据饲养方式选择科学的消毒措施，保证鸡舍内干净卫生，减少或杀灭环境中的病原微生物。

(2)加强营养管理

对种公鸡改善日粮营养水平。种公鸡日粮的能量、蛋白质水平不足，或者缺乏与繁殖性能相关的矿物质和维生素，均会导致其精液品质下降，进而降低其受精率。对种母鸡应做好育成期和产蛋后期的限饲。

(3)建立完善档案

种鸡的生产过程中，需要建立完整的管理档案，其中包括日龄、存

栏数量、死亡或淘汰数、每天饲喂量、总耗料量、温度、湿度、光照时间、用药、消毒和免疫接种等情况，这样在种鸡发生问题时可以追踪原因，还可以为今后的饲养管理提供理论依据。

第八章

孵化技术

孵化是鸟类特有的繁殖方式。鸡也同样，在适宜的外界环境中，通过孵化能够使种蛋（受精卵）生长发育成雏鸡（新个体）。孵化工作的好坏不仅影响孵化成绩的高低，而且直接关系雏鸡的成活、生长发育和将来的生产性能。因此，有必要深入探讨孵化生产中的规律，熟练地掌握孵化技术，为胚胎创造良好的孵化环境，以获得良好的孵化效果。

第一节　孵化前的准备

一、　蛋的构造与形成

1. 蛋的构造

蛋主要由蛋壳、蛋白、蛋黄三大部分构成。

（1）蛋壳

蛋壳的主要成分是碳酸钙，也是蛋最外面的一层硬壳，蛋的锐端的蛋壳厚度比钝端的蛋壳厚度略厚，大约占整个蛋重的 11%。蛋壳上有大量的气孔，在胚胎发育时，蛋壳上的气孔会作为气体的交换通道，同时也给微生物进入蛋壳提供了通道。新鲜的蛋壳表面有一层极薄的胶护膜，可以阻止外界微生物入侵至蛋内，同时也可以防止蛋内水分的蒸发。但是，随着蛋存放时间的延长或种蛋孵化天数的增加，胶护膜会逐渐脱落，种蛋的清洗也会使胶护膜脱落，气孔随之打开。

蛋壳内还有两层膜紧贴在一起，外侧的称为外壳膜，内侧的称为内壳膜。在蛋的大头形成气室，随着存放时间的延长，蛋内水分蒸发，气室会逐渐变大。

(2)蛋白

蛋白是半流动的胶体，具有黏性，大约占整个蛋重的56%。蛋白紧紧包裹着蛋黄，由外向内分为四层，依次为外稀蛋白、外浓蛋白、内稀蛋白、内浓蛋白。内浓蛋白紧紧包围着蛋黄，在蛋黄的两端有两条呈旋转状的带状物，称为系带，它的作用是能够使蛋黄悬浮在蛋的中央并保持在一定的位置，避免蛋黄上的胚盘粘在蛋壳上，从而造成胚胎的发育畸形或中途死亡。

胚蛋在运输过程中如果受到剧烈的震荡，会引起系带断裂，从而降低孵化率。另外，随着种蛋存放时间的延长，浓蛋白会逐渐变稀，系带会与蛋黄脱离并逐渐溶解而消失。

(3)蛋黄

蛋黄位于蛋的中央，形似乒乓球，大约占整个蛋重的33%。蛋黄的外面有一层有弹性且极薄的透明膜，称为蛋黄膜，可以使蛋黄保持一定的形状(球形)。随着蛋的保存时间的延长，蛋黄膜的弹性会逐渐变差，使蛋黄变形甚至蛋黄膜破裂造成散黄。位于蛋黄中央的一个里亮外暗的圆点称为胚盘，直径为3～4 mm。无精蛋的蛋黄中央则无明暗之分，称为胚珠，直径约1 mm。胚盘中的受精卵发育为雏鸡。

在蛋黄形成过程中，由于昼夜摄入和吸收叶黄素的差异，形成了蛋黄深浅相间的环层结构。蛋黄内集中了蛋内几乎全部的脂肪和部分蛋白质，所含的卵磷脂、脑磷脂和神经磷脂，是禽胚的神经系统发育所必需的物质。蛋黄中含有丰富的维生素。如果蛋黄颜色淡白(含维生素A、胡萝卜素少)，其胚胎往往在中途停止发育并死亡。

2. 蛋的形成

禽蛋在母禽生殖器官内形成。母禽生殖器官包括卵巢和输卵管两大部分。卵巢产生成熟的卵泡，输卵管在卵细胞外形成蛋壳、蛋白、蛋壳膜。

(1)卵细胞的成熟

卵巢看起来像葡萄，有许多不同大小的卵泡，大约有 2 000 个是肉眼可见的。卵细胞外面是卵泡，它有一个与卵巢相连的小柄。卵泡上覆盖着血管，为卵细胞的发育提供必要的营养。卵子发育早期较慢，后期较快，卵细胞成熟需要 7～10 d。卵泡中间有一个白色区域，成熟的卵细胞从这里破裂并落入输卵管漏斗部，称为排卵。

(2)输卵管

输卵管是一条长而弯曲的管道，前面的开口位于卵巢下面，后面的开口位于泄殖腔内。根据形态和功能的不同，分为喇叭部、膨大部、峡部、子宫部和阴道部五部分。右侧卵巢和输卵管一般在孵化后 7～9 d 停止发育，最后只留下痕迹。只有左侧卵巢和输卵管才能正常发育并具有生殖能力。

①输卵管伞部：又名喇叭部或漏斗部，输卵管的入口形状为喇叭状，边缘薄而不规则，长 3～10 cm。卵细胞与精子在漏斗部结合形成受精卵。这个过程叫作受精。受精卵经 15～30 min 进入膨大部。

②输卵管膨大部：长 30～50 cm，管壁厚，黏膜褶皱，充满管状腺和单胞腺，前者分泌稀蛋白，后者分泌浓蛋白。膨大部主要是分泌蛋白，故又称蛋白分泌部。卵细胞沿着输卵管下行到膨大部，在这里停留 3～5 h。

③输卵管峡部：为输卵管最细的部分，大约 10 cm 长。卵细胞在这里持续 75 min 左右。蛋在峡部形成内壳膜与外壳膜，同时增加少量水分，峡部的粗与细决定了卵的形状。受精卵在峡部进行第一次分裂。

④子宫部：长 8～12 cm，卵在这里停留 18～20 h。子宫部分泌无机盐溶液，无机盐溶液通过内外壳膜进入蛋白，使蛋白的重量增加，形成蛋壳和蛋壳膜(又称胶护膜)以及蛋壳色素。

⑤阴道部：长 8～12 cm，在泄殖腔左侧背壁开口处，对蛋的形成没有作用。卵子在阴道中停留大约 0.5 h，在激素和神经的共同作用下，将蛋排出体外。一个鸡蛋的形成时间是 24～26 h。下一个成熟卵泡在产卵后 15～75 min 破裂排卵。

3. 畸形蛋的种类及形成

(1)双黄蛋

双黄蛋形成原因主要为两个蛋黄同时成熟排出，或母禽受到惊吓、物理方面的压迫导致卵泡破裂而与上一个卵泡几乎同时排出，进入输卵管后又被蛋白包在一起，因此形成比正常蛋大的双黄蛋或三黄蛋。

(2)无黄蛋

无黄蛋常见于高产期，形成原因主要为蛋白分泌部机能旺盛，在卵巢还未排卵时，膨大部就已经开始分泌蛋白，随即卵细胞沿输卵管下行而形成无黄蛋。

(3)软壳蛋

软壳蛋形成原因主要为母禽营养不良，日粮中缺乏磷元素与钙质以及维生素 D 或母鸡受到惊吓，输卵管的肌肉收缩，蛋壳还未形成，即下行排出体外或子宫机能失常，疫苗使用不当或用药不当产生强烈反应阻碍蛋壳形成等。

(4)血斑蛋及肉斑蛋

血斑蛋及肉斑蛋形成原因主要为母禽的输卵管有炎症，或卵巢有炎症，卵子进入输卵管时，输卵管的部分黏膜上皮组织脱落，随蛋黄一起被输卵管分泌蛋白包围而形成，或母禽体内有寄生虫等。

二、种蛋的管理

1. 种蛋的选择

种蛋的质量直接影响芦花鸡的胚胎发育、雏鸡的质量好坏以及孵化率的高低。因此，应根据种蛋的要求进行严格的选择。

(1)种蛋的来源

种蛋的来源应为公母比例适当,年龄适当,受精率高,饲喂全价料高产的繁殖群。

(2)种蛋的大小、蛋重及形态

蛋形为正常椭圆形,蛋形指数控制在1:(1.3～1.35)为宜,实验证明非正常形蛋的孵化率明显低于正常形蛋,种蛋大小的选择更为重要。一般肉用芦花鸡种蛋55～68 g,蛋用芦花鸡种蛋50～65 g。

(3)种蛋的新鲜度

以季节区分种蛋的保存期来看,春季和秋季的种蛋不超过7 d,夏季不超过5 d,冬季不超过10 d。同时蛋壳的表面应保持清洁干净,不应沾有饲料、粪便和泥土等污物,以防堵塞气孔,影响胚胎气体交换,而且污物上病原微生物侵入蛋内,从而影响胚胎的孵化率。

(4)蛋壳的质地

蛋壳颜色符合本品种特征。蛋壳过厚而坚硬的“钢皮蛋”在孵化过程中慢慢加热,水分不易蒸发,气体交换不畅,雏鸡破壳难。在有裂纹的蛋孵化过程中,蛋内失水过多,可导致胚胎死亡。

2.种蛋的保存

(1)保存温度

家禽胚胎发育的临界温度是23.9 ℃。保存温度超过临界温度,胚胎发育开始,尽管发育程度有限,但由于细胞的代谢,会逐渐导致胚胎的衰老和死亡。温度过低,种蛋易受冻而失去孵化能力。故一般种蛋的保存的适宜温度为13～18 ℃。

(2)保存时间

种蛋的保存时间最好不超过2周。随着种蛋储藏时间的延长,蛋内水分的过度蒸发会使系带和卵黄膜变脆,蛋内各种酶的活动使胚胎变弱及营养物质变性,从而降低了胚胎的活力。同时大量细菌会在4～7 d内出现,从而影响种蛋质量。

(3)保存湿度

相对湿度在70%～80%是适合芦花鸡鸡蛋储藏的湿度。在储藏期间,鸡蛋中的水分通过气孔不断蒸发。当湿度较低时,蛋中的水分蒸发会相对较快,会对胚胎的新陈代谢产生不利影响。

(4)通风换气和摆放位置

种蛋应该放在一个特定的蛋库里。要求通风良好,无阳光直射,宽敞,干净卫生,无蚊蝇,无异味,无过堂风且放置时种蛋的大头向上。

3.种蛋的消毒

(1)消毒时间

种蛋的消毒至少分为两次,第一次为种蛋产出后2 h内,应尽快进行熏蒸消毒。第二次是入孵前12～15 h再进行一次消毒。有的在移盘后在出雏器中进行第三次消毒。种蛋自产出体外就有很多病原微生物,特别是蛋壳上沾有粪便等污物时,病原微生物更多。这些病原微生物会通过蛋壳上的气孔进入蛋内迅速繁殖,影响胚胎质量,再加上如果蛋库内湿度过大,以及工作人员捡蛋、分级等工作,又增加了种蛋被污染的可能。因此,种蛋收集后应及时消毒,再送入蛋库内存放。

(2)消毒方法

目前,种蛋的消毒方法有紫外线消毒法、甲醛熏蒸消毒法、新洁尔灭喷雾消毒法等。

①紫外线消毒法:一般要求紫外线灯管距离种蛋0.4 m左右,照射时间1 min,种蛋翻转后再照射,最好使用多个紫外线灯,从各个角度同时照射,效果较好。紫外线的消毒效果与紫外线的强度、时间和距离有关。

②甲醛熏蒸消毒法:每立方米用量为30 mL甲醛溶液(40%浓度)、15 g高锰酸钾,密闭熏蒸20～30 min。熏蒸室温24～27 ℃、相对湿度75%～80%,可杀灭95%～98.5%的病原体。

③新洁尔灭喷雾消毒法:新洁尔灭喷雾是把鸡蛋放在蛋盘上,然后用喷雾器将0.1%的新洁尔灭溶液喷洒在蛋壳表面。注意将种蛋和蛋

盘全部喷洒，做到种蛋与蛋盘全覆盖。消毒地点应选择室内，消毒后应自然晾干。使用新洁尔灭时，切勿与高锰酸钾、肥皂、碱液或碘混合，以免影响消毒效果。新洁尔灭喷雾消毒法特别适合小批量种蛋消毒。

(3)种蛋包装与运输

种蛋运输前应进行包装，以便于运输和减少运输途中种蛋的破损。种蛋包装可采用蛋托(图 8-1)和纸箱。包装时种蛋的大头朝上，层数不宜超过 5 层。冬季运输要注意防寒，夏季运输要防止太阳直晒，避免雨淋。种蛋运输中温度宜保持在 12～16 ℃，湿度控制在 75%左右，且在运输途中要避免剧烈震动，做到快速平稳。长途运输种蛋最好的交通工具是飞机或轮船。

图 8-1　采用蛋托包装种蛋

三、孵化前的操作

1. 制订计划

孵化前，根据孵化与出雏能力、种蛋数量及雏鸡销售情况制订孵化计划。每批入孵种蛋装盘后，将该批种蛋的入孵、照检、移盘和出雏日期填入孵化进程表，以便孵化人员了解入孵的各批种蛋情况，提高工作效率，使孵化工作顺利进行。

2. 验表试机

种蛋入孵前，全面检查孵化机各部分配件是否完整无缺。通风运行时，整机是否平稳；孵化机内的供温、鼓风部件及各种指示灯是否正常；各部位螺丝是否松动，有无异常声响；特别是检查控温系统和报警系统是否灵敏。待孵化机运转 1～2 d 未发现异常情况后，才可入孵。电机在整个孵化期不停地转动，最好多准备 1 台，一旦发生问题即可替换，保证孵化的正常进行。

3. 孵化机温差测试

在孵化机的蛋架车内装满空的蛋盘（图 8-2），用 27 支校对过的温度表固定在机内的上下、左右、边心等部位。然后将蛋架翻向一边，通电使风机正常运转，机内温度控制在 37.8 ℃左右，恒温 0.5 h 后，取出温度表，记录各点的温度。再将蛋架翻转至另一边，如此反复 2 次，了解孵化机内的温差及其与翻蛋状态间的关系。

图 8-2　孵化机的蛋盘

4. 孵化室消毒

彻底消毒孵化室的地面、墙壁、天棚。每批孵化前必须清洗孵化机,并用甲醛熏蒸消毒,也可用药液喷雾消毒。

5. 种蛋预热

入孵前将种蛋移至孵化室内,使种蛋初步升温,在 22～25 ℃的环境中放置 6～8 h,其目的是使胚胎发育从静止状态中逐渐"苏醒";减少孵化机内温度下降的幅度;除去种蛋表面凝水,以便入孵后能立刻消毒种蛋。

6. 码盘入孵

种蛋预热后,按计划于 16:00 上架孵化。整批孵化时,将装有种蛋的孵化盘依次放入蛋架车推入孵化机内(图 8-3)。

分批入孵时,装新蛋与老蛋的孵化盘应交错放置;在孵化盘上贴上标签,并对蛋架车进行编号、填写孵化进程表。天冷时,上架后打开孵化机的辅助加热开关,使升温加速,待温度接近要求时即关闭辅助电热器。入孵结束后,及时处理剩余的种蛋,然后清理工作场地。

图 8-3　孵化机

第二节　孵化过程的控制

一、孵化条件

鸡蛋的孵化条件主要包括五个：温度、湿度、通风换气、翻蛋、凉蛋。

1. 温度

温度是芦花鸡孵化的重要条件，鸡胚发育适宜温度范围为 37.2～39.5 ℃。只有在适宜的温度下，才能保证家禽胚胎的正常发育。当温度过低时，胚胎会发育缓慢，孵化期延长，雏鸡体弱，出壳不齐；当温度低于 24 ℃时，胚胎经 30 h 全部死亡。当温度过高时，胚胎发育加快，胚胎脐部愈合不良，卵黄吸收差，出壳时间提前，雏鸡体弱；当超过 42 ℃，胚胎经 2～3 d 就会死亡。孵化机施温可参考表 8-1。

表 8-1　孵化机的施温方案　　℃

室温	变温					恒温	出雏期温度
	1～2 d	3～6 d	7～12 d	13～15 d	16～18 d	1～18 d	
<20	38.2	38.0	37.9	37.8	37.7	38.0	37～37.2
20～27	38.0	37.9	37.8	37.7	37.6	37.8	
>27	37.8	37.7	37.6	37.5	37.5	37.6	

引自林建坤，郭欣怡. 养禽与禽病防治. 2 版

2. 湿度

适宜的湿度使蛋的水分可以正常蒸发，并能保证胚胎的物质代谢保持正常。适当的湿度会使孵化初期胚胎受热良好，孵化后期有利于胚胎的散热，也有利于雏鸡破壳。出雏时蛋壳中的碳酸钙与空气中的二氧化碳作用，生成碳酸氢钙使蛋壳变脆，利于雏鸡啄壳出雏。湿度要求一般为 40%～70%，且“两头高、中间低”，即孵化初期与孵化后期湿

度高，孵化中期湿度相对较低。

3. 通风换气

在胚胎孵化过程中，通过气室与外界进行气体交换，通风良好有利于胚胎的发育，胚胎越是发育到后期，越是需要更多的氧气，所以需要在确保适宜温度的前提下，做到通风换气。一般氧气含量不低于20%，二氧化碳含量不高于1%。研究表明，二氧化碳含量每超过0.5%时，孵化率就会下降5%。

4. 翻蛋

在孵化过程中，人为地改变种蛋的位置和角度叫作翻蛋。翻蛋的作用主要是使胚胎受热均匀，保证胚胎各个部位接收到适宜的温度，防止胚胎与蛋壳膜粘在一起影响孵化率。一般翻蛋的角度为前俯后仰45°。

5. 凉蛋

胚胎孵化到一定时间后，胚胎温度会变高，将孵化室门打开进行通风换气，并且将胚胎温度降下来的方法称为凉蛋。凉蛋时应确保孵化室不能放出过多余热且保证正常通风换气，通常情况下，打开孵化机门一次30 min左右，每天2～3次为宜，凉至将胚蛋放置眼皮上感到微凉即可。如遇余热过多的情况，还可将蛋车拉出放置在孵化室释放余热。

二、孵化操作

1. 温度的观察与调节

孵化机的温度调节器在种蛋入孵前已经调好温度，不要随意改动。在孵化过程中应随时留意观察机门上温度计显示的温度，一般每小时检查一次，看温度是否保持平稳，如有超温或降温及时检查控温系统，消除故障。在正常情况下，温度偏低或偏高0.5～1 ℃时，才进行调节。如果孵化机内各处温差浮动在0.5 ℃左右，则每日要调盘一次，即上下蛋盘对调、蛋盘四周与中央的蛋对调，以弥补温差的影响。

2. 湿度的观察与调节

每 2 h 观察并记录一次湿度。对于非自动控湿装置的孵化机，定时往水盘内加温水，并根据不同孵化期对湿度的要求，调整水盘的数量，以确保胚胎发育对湿度的需求。当湿度偏低时，可增加水盘扩大蒸发面积，提高水温、降低水位，加快蒸发速度，还可在孵化室地面洒水，必要时可用温水直接喷洒种蛋。湿度过高时，要加强室内通风，使水散发。自动调湿使用的水应经过滤或软化，以免堵塞喷头。湿度计的纱布必须保持清洁，每孵化一批种蛋更换 1 次。

3. 翻蛋

全自动翻蛋的孵化机，每 1～2 h 自动翻蛋 1 次；半自动翻蛋的，需要按动左、右翻按钮键完成翻蛋全过程，每 2 h 翻蛋一次。注意每次翻蛋的时间和角度。对不按时翻蛋和翻蛋速度过快或过慢的情况要及时处理解决，停电时按时手动翻蛋。

4. 通风

定期检查进出气孔开闭情况，根据孵化天数决定开启大小。整批入孵的前 3 d（尤其是冬季），进、出气孔可不打开，随着孵化天数的增加，逐渐打开进、出气孔。出雏期间进、出气孔全部打开。分批孵化时，进、出气孔可打开 1/3～2/3。

5. 照蛋

在孵化过程中，对种蛋进行 2～3 次照蛋。在种蛋孵化第 5 天时进行头照，检出无精蛋、死胚蛋、破壳蛋，观察胚胎发育情况，调整孵化条件。种蛋孵化第 10～11 天时进行抽检，主要看尿囊的发育情况。在种蛋孵化第 18～19 天移盘前进行二照。取出死胚蛋，然后把种蛋移入出雏机。

照蛋时应注意照蛋前先提高孵化室温度（气温较低的季节），将蛋架放平稳，抽取蛋盘摆放在照蛋台上，迅速而准确地用照蛋器按顺序进行照检，并将无精蛋、死胚蛋、破壳蛋拣出，空位用好种蛋填补或拼盘。最后记录无精蛋、死胚蛋及破壳蛋数，登记入表，计算种蛋的受精率和头照的死胚率。

6.凉蛋

整批入孵的种蛋在封门前开始凉蛋。采用孵化机内凉蛋时，关闭加温电源，开动风扇，打开机门。凉蛋时间的长短取决于环境温度，夏季每天 2～3 次，每次 15～30 min。凉蛋时用眼皮试温，即贴眼皮，稍感微凉(30～33 ℃)即可停止凉蛋。

7.移盘

移盘就是将种蛋从孵化机内移入出雏机内继续孵化的过程。一般在孵化的第 18～19 天时进行移盘。当观察到种蛋中 10％出现“起嘴”，80％处于“闪毛”时开始移盘。移盘时速度要快，动作要轻，尽量避免碰破种蛋。移盘后停止翻蛋，提高湿度，准备出雏。

第三节　出雏及后期处理

一、初生雏的处理

1.初生雏的选择

芦花鸡雏鸡孵出后应装在专用雏箱内，并存放在温度为 24～26 ℃、湿度为 70％～75％、空气新鲜、卫生的存放室。一般经 4～5 h 后进行强弱分级工作。

选择初生雏的目的是将初生雏按体型大小、身体强弱分群，单独培育，减少疾病的发生，提高雏鸡的成活率。一般通过眼看、手摸、耳听进行选择，选择的同时应记数、装箱。

(1)眼看耳听选择初生雏

看初生雏的精神状态，动作是否灵活，喙、腿、趾、翅、眼有无异常，泄殖腔清洁，绒羽长短合适、颜色符合品种标准，脐孔愈合是否良好，叫声是否响亮等。健康的雏鸡叫声响亮、清脆，活泼好动，眼大有神，羽毛清洁干净，泄殖腔干净，腿脚无畸形，站立行走正常；弱雏叫声低且沙哑，眼睛半睁或不睁开，呆立不动。

(2)手摸选择初生雏

将初生雏抓握在手中，触摸初生雏的膘情、体重、体温。健康的雏鸡握在手中有弹性，有温暖感，挣扎有力，身体匀称，腹部柔软；弱雏手感发凉，轻飘无力，腹大，卵黄吸收不良。

2. 初生雏的雌雄鉴别

通过鉴别可及时淘汰蛋用型雏鸡、公雏或催肥后作肉用雏鸡，肉用雏鸡可实行公母分养，能明显提高群体的均匀度和饲料报酬。初生雏鸡的雌雄鉴别方法详见第九章雌雄识别技术。

3. 初生雏鸡的免疫

在孵化场内要接种的疫苗主要是鸡马立克病疫苗(图 8-4)，雏鸡出壳后 24 h 内皮下注射鸡马立克病疫苗，以预防鸡马立克病。

图 8-4　疫苗注射

4.雏鸡的包装和发运

(1)运输工具的选择

初生雏鸡最好能在48 h内到达目的地。根据运输距离和路况选择汽车或火车陆运,或飞机空运。若48 h不能到达时可采用嘌蛋技术。

(2)运输时间的选择

冬季要避开风雪严寒天气,并在中午气温较高时接运。夏季应避开高温酷热天气,在早晚凉爽时接运。运输距离较远的,运雏工具要有防寒或防暑装备。

(3)运输的途中管理

运输的途中要注意观察雏鸡情况,每隔0.5~2 h要上下倒换运雏箱,防止扎堆,挤压过热等造成的伤亡。途中行车要稳,转弯、刹车不要过急,下坡要减速,以免雏鸡堆压死亡。

二、孵化效果检查及分析

1.孵化效果衡量指标

受精率=受精蛋数/入孵蛋数×100%

早期死胚率=(1~5 d死胚数)/入孵蛋数×100%(正常应控制在2%左右)

受精蛋孵化率=全部出壳雏数/受精蛋数×100%(高水平应在92%以上)

入孵蛋孵化率=全部出壳雏数/入孵蛋数×100%(高水平应在85%以上)

健雏率=健雏数/全部出壳雏数×100%(高水平应在96%以上)

2.孵化效果检查方法

(1)照蛋

①头照:种蛋在孵化第 5 天进行,可检出无精蛋、死胚蛋、破壳蛋,观察胚胎发育情况,调整孵化条件。

正常:1/3 蛋面布满血管,可见到明显的胚胎黑眼。

异常:Ⓐ受精率正常,发育略快,死胚蛋增多,血管出现充血,说明温度偏高;Ⓑ受精率正常,发育略慢,死胚蛋少,说明温度偏低;Ⓒ气室大,死胚蛋多,多出现血线、血环,有时粘于壳上,散黄蛋、白蛋多,说明种蛋储存时间过长;Ⓓ胚胎发育参差不齐,说明机内温差大,种蛋储存时间明显不一或种蛋来源于不同种禽。

②抽检:种蛋在孵化第 10～11 天进行,主要看尿囊的发育情况。

正常:入孵后的第 10 天,尿囊必须在种蛋背面合拢,尿囊血管应到达蛋的小头,这是孵育是否正常的关键特征。

异常:Ⓐ尿囊血管提前“合拢”,死亡率提高,说明孵化前期温度偏高;Ⓑ尿囊血管合拢推迟,死亡率较低,说明温度偏低、湿度过大或种禽偏老;Ⓒ尿囊血管未“合拢”,小头尿囊血管充血严重,部分血管破裂,死亡率高,说明温度过高;Ⓓ尿囊血管未“合拢”,但不充血,说明温度过低、通风不良、翻蛋异常、种禽偏老或营养不良;Ⓔ胚胎发育快慢不一,部分蛋血管充血,死胚偏多,说明机内温差大、局部超温;Ⓕ胚胎发育快慢不一,血管不充血,说明储存时间明显不一;Ⓖ胚胎头位于蛋小头,一般是入孵时蛋大头向下放置;Ⓗ孵蛋爆裂,散发恶臭气味,说明脏蛋或孵化环境污染。

③二照:在移盘前,种蛋在孵化第 18～19 天时进行。取出死胚蛋,然后把种蛋移入出雏机。

正常:发育正常的种蛋,可在气室交界处见到粗大的血管,第 18 天可见到气室出现倾斜。第 19 天雏鸡喙部已啄破壳膜伸向气室,种蛋气室处有黑影闪动,俗称“闪毛”。

异常：弱胚气室小、未倾斜，蛋小头淡白；死胚气室小、不倾斜且边缘模糊。未见“闪毛”，无胎动，蛋身发凉。

(2)蛋重变化的测定

在孵化过程中，气体交换，水分蒸发，蛋的重量减轻，测量蛋重减轻比例，可以判断胚胎发育是否正常。在入孵前称测一个盘的蛋重，得出平均蛋重，孵化过程中，检出无精蛋和死胚蛋，称量所剩活胚蛋的重量，得出平均活胚蛋重，然后计算出各阶段的减重率并与正常减重率比较，以了解减重情况是否正常。

(3)啄壳、出壳和初生雏的观察

种蛋孵化满 19 d 后，结合移蛋观察破壳情况，满 20 d 以后，每 6 h 观察一次出壳情况，判断啄壳、出壳时间是否正常，并注意啄壳部位，有无粘连雏体或鸡绒毛湿脏的现象。

雏鸡孵出后，观察雏鸡的活动和结实程度、体重的大小、蛋黄吸收情况、绒毛色素、雏体整洁程度和毛的长短。此外，还应注意有无畸形、眼疾、蛋黄未吸收、脐带开口而流血、骨骼短而弯曲、脚和头麻痹等情况。

3.孵化效果分析

(1)胚胎死亡原因分析

①孵化期胚胎死亡的分布规律：在正常情况下，孵化期间有两个死亡高峰。第 1 个高峰出现在孵化前期的第 3～5 天，死胚蛋占全部死胚蛋的 15%～20%；第 2 个高峰出现在孵化后期(第 18 天后)，约占 50%。两个高峰死胚蛋约占全期死胚蛋的 2/3。由上可见死亡高峰主要集中在第 2 个高峰。

②胚胎死亡高峰的原因：第 1 个死亡高峰正是胚胎发育快及形态变化显著时期，各种胎膜相继形成而功能尚未完善。胚胎对外界环境的变化很敏感，稍微不适，胚胎发育就会受阻导致死亡。第 2 个死亡高峰正是胚胎从尿囊呼吸过渡到肺呼吸的时期，此时胚胎生理变化剧烈，

胚胎需氧量剧增，传染性胚胎病威胁更加突出，对孵化环境要求更高，如不能充分供氧、通风就会造成一部分本来就较弱的胚胎不能顺利破壳而死亡。

(2)孵化效果影响因素分析

孵化率高低受内部和外部因素影响。内部因素是指种蛋的内部品质，而种蛋品质又受到芦花鸡种鸡质量和营养的影响。外部因素是指孵化前的环境(种蛋保存)和孵化中的环境(孵化条件)。内部因素对第 1 个死亡高峰影响大，而外部因素对第 2 个死亡高峰影响大。

第九章

雌雄识别技术

芦花鸡初生雏鸡不像刚出生的哺乳动物那样，根据外生殖器官可立即辨别出雌雄，而必须等到第二性征出现以后才能辨认。生长肉鸡和中型蛋鸡到10周龄时还难以准确辨认，芦花鸡4周龄时才能准确辨认，因此，人们对初生雏鸡的雌雄鉴别早感兴趣。多年来，已经研究出了不少鉴别方法，芦花鸡目前常用的方法为肛门鉴别法。

第一节　雌雄鉴别室的建设

一、鉴别室的设计

1. 鉴别室的位置及布局

雌雄鉴别室位于孵化场工艺流程的后端，前与出雏室相邻，后与雏鸡待运室相通，以便于将初生雏及时送到鉴别室，鉴别后的雏鸡经过免疫及时存放在雏鸡待运室。

鉴别室内的布局可根据具体情况而定。原则上要注意：其一，因为室内既有未鉴别的混合雏，又有鉴别后的雌雄雏，所以要考虑各种雏鸡的存放位置及面积，以防止出现错乱；其二，雏鸡尽量离鉴别员近些，以节省搬运雏鸡的时间。

2. 鉴别室的设计要求

鉴别室设计总的要求：面积足，利消毒，通风好，保温强，低照度，遮光好。

面积：鉴别室的总面积，应根据鉴别任务的大小而定，每个鉴别员占地面积一般不少于 12 m^2（包括存放鉴别雏的地方）。

地面：水泥地面要求平坦无积水，并有上下水道，以便每次鉴别完毕后冲洗消毒。

墙壁：为了便于清扫冲洗，应有不少于 1.2 m 高的水泥墙裙。

窗户：为了保温和遮光，在离地面 1.7 m 以上开条形窗，并有遮光窗帘。

门：鉴别室只有一个出入口，也就是孵化场的出入口，鉴别员出入鉴别室要消毒更衣。

3. 鉴别室的温度、照度和通风

虽然初生雏鸡绒毛短稀，御寒能力很差，需较高的环境温度，但在雏盒里的雏鸡密度大，当环境温度为 22～26 ℃时，由于雏鸡产热，盒中温度可达 39.2 ℃，故鉴别室的温度维持在 22～26 ℃即可。

室内光线要暗些，这样雏鸡较安静，也不影响鉴别光线的集中，照度一般为 10 lx。室内要设有排风机，以排出室内污浊空气和余热。

二、鉴别室的设备

1. 鉴别桌

鉴别桌采用无屉桌。桌四角钉有直角挡板，以固定鉴别盒的位置不致移动。

2. 鉴别盒

鉴别盒是一个前低后高，面积稍小于鉴别桌的无底长方形盒。其规格最好为长 125 cm、宽 66 cm、前高 14 cm、后高 20 cm，盒内由两块厚 1.5 cm 的隔板分为三格。中格较大，宽 44 cm，放未鉴别的混合雏，左右两格大小不一样，分别存放雌雏和雄雏。

3. 鉴别椅

要求椅面离地高 45 cm 左右，最好用转椅，可根据需要随时调节高度。

4. 鉴别灯

可用高脚座式反光手术灯，灯杆高不超过 85 cm，蛇皮管长 30 cm 左右。一般用 40 W 的白色白炽灯泡。

5. 排粪缸

便于清洁的杯子即可。

第二节　初生雏鸡生殖器官形态

一、泄殖腔及退化的交尾器官

鸡的直肠末端与泌尿和生殖道共同开口于泄殖腔，泄殖腔向外界的开口有括约肌，称为肛门。将泄殖腔背壁纵向切开，由内向外可以看到三个主要皱襞：第一皱襞作为直肠末端和泄殖腔的交界线而存在，它是黏膜的皱襞，与直肠的绒毛状皱襞完全不同；第二皱褶约位于泄殖腔的中央，由斜行的小皱襞集合而成，在泄殖腔背壁幅度较广，至腹壁逐渐变细而终止于第三皱襞；第三皱襞是形成泄殖腔开口的皱襞。

雄性泄殖腔共有五个开口，两个输尿管开口于泄殖腔上壁第一皱襞的外侧；两个输精管开口于泄殖腔下壁第一皱襞的凹处，成年鸡有小乳状突起；另一个就是直肠开口。在近肛门开口泄殖腔下壁中央第二、三皱襞相结合处有一芝麻粒大小的白色球状突起（初生雏比小米粒还小），称为生殖突起。两侧围以规则的皱襞，称为八字状襞。

生殖突起和八字状襞构成显著的隆起，称为生殖隆起，呈白色而稍有光泽，有弹性，在加压和摩擦时不易变形，有韧性感。雌性泄殖腔的三个皱襞及输尿管的开口部位与雄性完全相同，但没有交尾器官和输精管开口，而在泄殖腔左侧稍上方，第一、二皱襞间有一输卵管开口，称阴道开口。雄性存在退化交尾器官的地方，在雌性不但没有隆起，反而呈凹陷状。雌性泄殖腔内有四个开口。

孵化 11 d 的鸡胚，生殖隆起即能分辨，到 12 d 差异显著，雌雏的隆起变得比雄雏低而扁平。这个时期生殖隆起中央的突起称为头部，底部称为基部。随着胚龄增加，雌胚的生殖隆起逐渐缩小，在孵出时头部只作为不正形的皱襞而残存，基部也逐渐退化缩小而不明显。反之，雄胚生殖隆起的头部发育显著，成为圆形的生殖突起，基部构成生殖突起两侧的八字状襞。

雄雏的退化交尾器官较发达，但形态及发育程度因个体有很大差异。雌雏的生殖隆起的退化情况也并不一致，因个体不同，有的留痕迹，有的隆起相当发达。因此增加了鉴别的困难，要想掌握好这门技术，就要在这方面下功夫。

二、雏鸡生殖器官构造

准确判断雏鸡的雌雄，只能通过解剖鸡体观察睾丸和卵巢。对可疑生殖突起先进行判断，两者对照，准确率会有所提高。

雄雏睾丸成对存在，接近肾脏的头端，在其腹面，呈两端略尖的圆棒状，通常后端比前端大，左右对称，右侧稍斜。睾丸以其表面光滑、色白带黄、饱满有弹性感的特点而区别于其他脏器。其颜色也有因含黑色素而或局部黑色，很少一侧为黑色他侧为正常色的，其大小因个体而异，通常左侧比右侧稍大。长约 5 mm，宽约 2 mm，也有细如线的。

成年母鸡只有左侧卵巢，体积很大，右侧已退化无痕迹。在胚胎早期，两侧卵巢和输卵管均同样发育。其后左侧卵巢继续发育，右侧发育中止并萎缩，只残留痕迹于右侧肾脏的尖端。然而退化的程度依个体而异，极少数右侧卵巢仍存在。在正常情况下，初生雏鸡只有左侧卵巢，位于身体左边肾脏的尖端，长约 5 mm，宽约 3 mm。通常为椭圆形，扁平而稍向外方弯曲，颜色灰黄，表面无光泽，呈颗粒状，与睾丸的色泽形状显著不同。

第三节　初生雏鸡雌雄肛门鉴别法

一、生殖隆起的类型和分类

芦花鸡雄雏生殖隆起类型分为正常型、小突起型、大突起型（扁平型）、肥厚型、纵型和分裂型。雌雏生殖隆起类型分为正常型、小突起型和大突起型。

1.雄性生殖隆起类型

(1)正常型

生殖突起最发达，长 0.5 mm 以上，形状规则，充实似球形，富有弹性，外表有光泽，轮廓明显，位置端正，在肛门浅处；八字状襞发达，但少有对称者。

(2)小突起型

生殖突起特小，长径 0.5 mm 以下，八字状襞不明显，且稍不规则。

(3)大突起型（扁平型）

生殖突起为扁平状，八字状襞很发达。

(4)肥厚型

生殖突起与八字状襞连在一起，突起不明显，八字状襞特发达，将生殖突起和八字状襞一起观看即为肥厚型。

(5)纵型

生殖突起尖长，八字状襞不发达且不规则。

(6)分裂型

在生殖突起中有一纵沟，将生殖突起分成两部分。

2. 雌雏生殖隆起类型

在正常情况下，初生雌雏的生殖隆起几乎完全退化，此类型称为正常型。但也有20%～40%的雌雏生殖隆起未完全退化，根据其形态又可分小突起型和大突起型。

(1) 正常型

生殖突起几乎完全退化，其原来位置仅残存皱襞，且多为凹陷。

(2) 小突起型

生殖突起长0.5 mm以下，其形态为球形或近于球形；八字状襞明显退化。

(3) 大突起型

生殖突起的长径在0.5 mm以上；八字状襞也发达，与雄雏的生殖突起正常型相似。

二、组织形态差异

芦花鸡初生雏鸡有无生殖隆起是鉴别雌雄的主要依据，但部分初生雌雏的生殖隆起仍有残迹。这种残迹与雄雏的生殖隆起在组织学上有明显的差异。掌握这些差异是提高鉴别率的关键。

1. 外观

雌性生殖隆起轮廓不明显，萎缩，周围组织衬托无力，有孤立感；雄雏的生殖隆起轮廓明显、充实，基础极稳固。

2. 光泽

雌雏生殖隆起柔软透明；雄雏生殖隆起表面紧张，有光泽。

3. 弹性

雌雏生殖隆起的弹性差，压迫或伸展易变形；雄雏生殖隆起富有弹性，压迫、伸展不易变形。

4. 充血程度

雌雏生殖隆起血管不发达，且不及表层，刺激不易充血；雄雏生殖隆起血管发达，表层也有细血管，刺激易充血。

5.突起前端的形态

雌雏生殖隆起前端尖；雄雏生殖隆起前端圆。

三、鉴别手法

芦花鸡肛门鉴别的操作可分为抓雏、握雏；排粪、翻肛；鉴别、放雏等三个步骤。

1.抓雏、握雏

右手朝着雏鸡运动的方向，掌心贴雏背将雏抓起，然后雏鸡头部向左侧迅速移至放在排粪缸附近的左手，雏背贴掌心，肛门向上，雏颈轻夹在中指与无名指之间，无名指与小指弯曲，将两脚夹在掌面。

2.排粪、翻肛

在鉴别前，将粪便排出，其手法是左拇指轻于腹部左侧髋骨下缘，借助雏鸡呼吸将粪便挤入排粪缸中。但不要挤破腹腔内的卵黄囊。

翻肛手法较多，仅介绍常用的一种。左手握雏，左拇指从前述排粪的位置移至肛门左侧，左食指弯曲贴于雏鸡的背侧，与此同时，右食指放在肛门右侧，右拇指则放在雏鸡脐带处。右拇指沿直线往上顶推，右食指往下拉，往肛门处收拢，左拇指也往里收拢，三指在肛门处形成一个小三角区，三指凑拢一挤，肛门即翻开。

3.鉴别、放雏

根据生殖隆起的有无和形态差别，便可判断雌雄。如果有粪便或渗出物排出，可用左拇指或右食指抹去，再进行观察。遇生殖隆起一时难以分辨时，也可用左拇指或右食指触摸，观察其充血和弹性程度。

四、鉴别适宜时间

最适宜鉴别时间是出雏后 2～12 h，不超过 24 h。在此时间内，雌

雄雏鸡生殖隆起的性状最显著，雏也好抓握、翻肛。而刚孵出的雏鸡，身体软绵，呼吸弱，蛋黄吸收差，腹部充实，不易翻肛，技术不熟练者甚至造成死亡。

五、鉴别要领与注意事项

1.鉴别要领

提高鉴别的准确性和速度，关键在于正确掌握翻肛手法和熟练而准确地分辨雌雄的生殖隆起。

（1）鉴别的关键在于正确掌握翻肛手法。既要能翻开肛门，又要使位置正确。

（2）在正确翻肛的前提下，准确地分辨雌雄生殖隆起的微小差异。一般说来，鉴别准确率达到80%～85%并非难事，但要达到95%～100%准确率及相当速度，却需要较长时间的实践。这是因为出雏后仍有部分雌雏生殖隆起有残留，容易与雄雏生殖隆起某些类型相混淆。

（3）生殖隆起是由生殖突起与八字状襞所构成的。初学者往往只注重生殖突起而忽略八字状襞。正确的做法是注意生殖突起的同时兼顾八字状襞，把两者作为一个整体来观察分辨。

（4）“三快，三个一次”。“三快”是握雏翻肛手要快，辨别时大脑反应要快，辨别后放雏要快，尤其是公雏；“三个一次”是粪要一次排净，翻肛要一次翻好，辨认要一次看准。

2.鉴别注意事项

（1）鉴别时动作粗鲁或排粪用力过大，容易损伤肛门或导致卵黄囊破裂，影响以后发育，甚至引起雏鸡的死亡。鉴别时间过长，肛门容易被粪便或渗出液掩盖或过度充血，而无法辨认。

（2）姿势要自然，鉴别员坐的姿势自然，持续工作才不易疲劳。

（3）光线要充足而集中，光线过强过弱都容易使眼睛疲劳。常采用有反光罩的40～60 W白炽灯泡。

(4)放雏位置要固定,不要更换,以免发生差错。左手一格放雌雏,右手一格放雄雏,中间一格放未鉴别的混合雏。所有的人都要清楚放雏的位置是一致的。

(5)鉴别前要求每个鉴别员穿工作服、鞋,戴帽、口罩,并用消毒液洗手,每看完一格混合雏(100 只左右)后要用消毒液洗手。鉴别完后每个鉴别员要冲洗干净自己的鉴别台,并用消毒液进行消毒。

(6)经常在灯光下用眼细细分辨,长年累月地观察,所以科学用眼是非常重要的。自己要做眼保健操,多观察户外的景色。

六、 鉴别练习

练习认真,循序渐进,反复实践,多用心分辨。先练习抓雏技术,虽然它并不影响鉴别的准确性,但影响鉴别速度。再练习排粪翻肛技术,这是提高准确率和速度的基础,然后再练习分辨雌雄和放雏技术。

初学者最好先用雄雏练习,因雄雏价值低,生殖隆起类型多,而且有大量雄雏供观察。在较熟练掌握雄雏生殖隆起的形态之后,再练习鉴别雌雄混合雏,才能正确分辨雌雄雏。

掌握雌雄鉴别技术应反复实践,反复领会。做到手脑并用,边实践边体会,遇到不能准确判断时,首先看清牢记生殖隆起的形状及特性,然后进行解剖观察,多次反复,牢记在心,就可准确辨认雌雄雏了。

第十章

中草药饲料添加剂开发

第一节　常用防治方

一、防治呼吸道疾病

开窍散

【处方】白芷、防风、益母草、乌梅、猪苓、诃子、泽泻各 100 g，辛黄、桔梗、黄芩、半夏、生姜、葶苈子、甘草各 80 g。

【制法】粉碎，过筛。

【用法用量】在饲料中添加，每只芦花鸡每天 4 g，连用 9 d。

【功效】解表化痰，通鼻开窍。

【用途】防治鸡传染性鼻炎。

镇喘散

【处方】香附 300 g，黄连 200 g，干姜 300 g，桔梗 150 g，山豆根 100 g，皂角 40 g，甘草 100 g，合成牛黄 40 g，蟾酥 30 g，雄黄 30 g，明矾 50 g。

【制法】以上 11 味，取蟾酥加倍量白酒，拌匀，放置 24 h，挥发去酒，干燥得制蟾酥；取雄黄水飞或粉碎成极细粉；其余黄连等9味粉碎，再与制蟾酥、雄黄配研，过筛，混匀。

【用法用量】在饲料中添加，每只芦花鸡每天0.5～1.5 g。

【功效】清热解毒，止咳平喘，通利咽喉。

【用途】鸡慢性呼吸道病，喉气管炎。

二、防治鸡传染性法氏囊病

扶正解毒散

【处方】板蓝根60 g，黄芪60 g，淫羊藿30 g。

【制法】以上3味，粉碎，过筛，混匀。

【用法与用量】在饲料中添加，每只芦花鸡每天0.5～1.5 g。

【功能】扶正祛邪，清热解毒。

【用途】鸡传染性法氏囊病。

三、防治腹泻

三白散

【处方】白术15 g，白芍10 g，白头翁5 g。

【制法】研细，过筛。

【用法用量】在饲料中添加，每只芦花鸡每天0.2 g，连用7 d。

【功效】健脾养血，清热止痢.

【用途】防治鸡白痢。

止痢散

【处方】黄连、黄芩、苦参、金银花、白头翁、秦皮各10 g。

【制法】共研细末，混匀。

【用法用量】在饲料中添加，每只鸡每天 0.3 g。

【功效】清热解毒，燥湿止痢。

【用途】防治鸡白痢，鸡大肠杆菌病。

四、防治鸡球虫病

鸡球虫散

【处方】青蒿 3 000 g，仙鹤草 500 g，何首乌 500 g，白头翁 300 g，肉桂 260 g。

【制法】粉碎，过筛，混匀。

【用法用量】混饲：每千克饲料 10～20 g。

【功效】抗球虫，止血。

【用途】鸡球虫病。

第二节　增蛋方

激蛋散

【处方】虎杖 100 g，丹参 80 g，菟丝子 60 g，当归 60 g，川芎 60 g，牡蛎 60 g，地榆 50 g，肉苁蓉 60 g，丁香 20 g，白芍 50 g。

【制法】以上 10 味，粉碎，过筛，混匀。

【用法用量】混饲，每千克饲料 10 g。

【功效】清热解毒，活血祛瘀，补肾强体。

【用途】输卵管炎，产蛋功能低下。

第三节　增重方

健鸡散

【处方】党参 20 g，黄芪 20 g，茯苓 20 g，六神曲 10 g，麦芽 10 g，山楂(炒)10 g，甘草 5 g，槟榔(炒)5 g。

【制法】粉碎，过筛，混匀。

【用法用量】在饲料中添加 2%，连喂 3～7 d。

【功效】益气健脾，消食开胃，抗应激。

【用途】增强食欲，促进生长。

参考文献

[1] 彭茂辉，彭津津. 家禽养殖技术指南. 重庆：重庆大学出版社，2020.

[2] 刘振湘，孟可爱. 养禽与禽病防治. 2 版. 北京：中国农业大学出版社，2023.

[3] 化芳，王立春，薛剑. 土鸡生态养殖与防疫技术. 北京：中国农业科学技术出版社，2023.

[4] R. E. Austic，M. C. Nesheim. 王金文，译. 家禽生产. 13 版. 北京：中国农业出版社，1999.